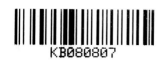

바빠 시리즈 초등 입학 전, 즐거운 공부 기억을 만드는 시간!

7살 첫 수학

1 100까지의 수

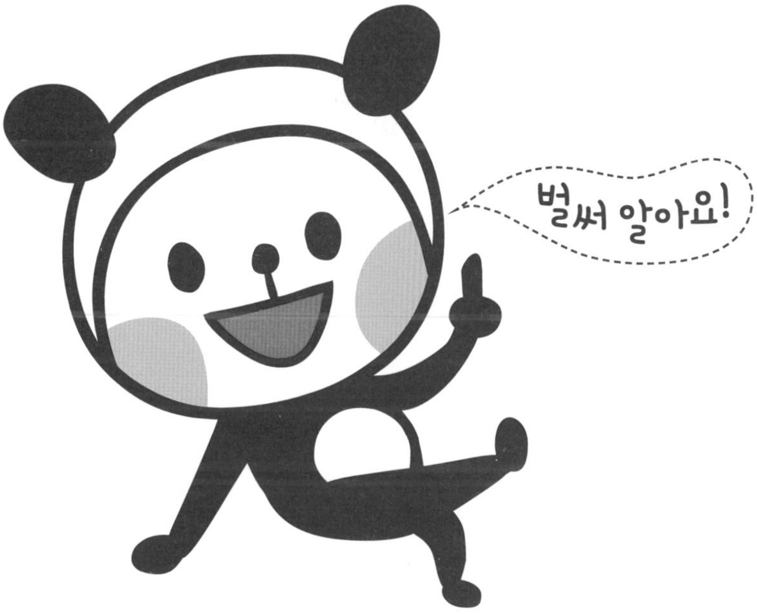
벌써 알아요!

이지스에듀

지은이 **징검다리 교육연구소, 강난영**

징검다리 교육연구소는 바쁜 친구들을 위한 빠른 학습법을 연구하는 이지스에듀의 공부 연구소입니다. 아이들이 기계적으로 공부하지 않도록, 두뇌가 활성화되는 과학적 학습 설계가 적용된 책을 만듭니다.

강난영 선생님은 영역별 연산 훈련 교재로, 연산 시장에 새바람을 일으킨 《바쁜 5·6학년을 위한 빠른 연산법》, 《바쁜 중1을 위한 빠른 중학연산》, 《바쁜 초등학생을 위한 빠른 구구단》, 《바쁜 초등생을 위한 빠른 분수》, 《EBS 초등수학》을 기획하고 집필한 저자입니다. 또한, 20년이 넘는 기간 동안 디딤돌, 한솔교육, 대교에서 초중등 콘텐츠를 연구, 기획, 개발해 왔습니다.

그린이 **차세정**

인터넷 웹툰 〈츄리닝 소녀 차차〉, 〈차차 좋아지겠지〉, 〈차차 나아지겠지〉 등을 연재하며 많은 사람들의 사랑을 받은 작가입니다. 현재는 예비초등학생과 6살인 두 딸의 엄마가 되어, 아이들이 놀이하듯 즐겁게 공부하길 바라며 이 책의 그림을 그렸습니다.

감수 **김진호**

서울교육대학교, 한국교원대학교, 미국 Columbia University에서 수학교육학으로 각각 학사, 석사, 박사 학위를 취득하고 현재는 대구교육대학교 수학교육과에서 교수로 재직 중입니다. 2007, 2009, 2015 개정 교육과정 초등수학과 집필을 담당했습니다.

이 책을 함께 만든 6살, 7살 친구들 이다온, 이다원, 이민섭, 황연서

어린이의 눈높이에 맞추어 구성하도록, 이 책이 나오기 전에 문제를 미리 풀어 준 친구들입니다.

바빠 시리즈

7살 첫 수학 – 1 100까지의 수

초판 10쇄 발행 2024년 11월 29일
지은이 징검다리 교육연구소, 강난영 그린이 차세정 감수 김진호
발행인 이지연
펴낸곳 이지스퍼블리싱(주) 출판사 등록번호 제313-2010-123호
주소 서울시 마포구 잔다리로 109 이지스빌딩 5층(우편번호 04003)
대표전화 02-325-1722 팩스 02-326-1723
이지스퍼블리싱 홈페이지 www.easyspub.com 이지스에듀 카페 www.easysedu.co.kr
바빠 아지트 블로그 blog.naver.com/easyspub 인스타그램 @easys_edu
페이스북 www.facebook.com/easyspub2014 이메일 service@easyspub.co.kr

본부장 조은미 책임 편집 정지연, 박지연, 김현주, 이지혜 문제 검수 유미정, 전수민
표지 및 내지 디자인 이유경, 정우영, 손한나 인쇄 명지북프린팅 마케팅 라혜주
영업 및 문의 이주동, 김요한(support@easyspub.co.kr) 독자 지원 박애림, 김수경

ISBN 979-11-6303-136-9 64410
ISBN 979-11-6303-135-2(세트)
가격 8,000원

수학의 시작은 100까지의 수이지만,
공부의 완성은 부모님의 칭찬입니다!

"지후야 몇 살이야?" "여섯 살.", "아연아 몇 살이야?" "일곱 살."
아이들에게 나이를 물으면 수줍어하면서 손가락을 이용하여 대답하곤 합니다. 이러한 수 세기는 우리 아이들이 학교에 가서 수학 공부를 하는 데 가장 기초가 되는 중요한 학습입니다. 즉, 수학의 시작은 100까지의 수 세기부터입니다.

✓ 수를 두 가지로 바르게 읽어요!

수는 '하나, 둘, 셋…'과 같은 우리말과 '일, 이, 삼…'과 같은 한자어, 두 가지로 읽습니다. 1개는 한 개, 1번은 일 번으로 읽는 것처럼요. 이 책을 통해 두 가지로 수를 읽는 방법을 알려주세요.

✓ 수를 정확한 순서로 써요!

'세 살 버릇 여든 간다.'는 말이 있지요? 어렸을 때 잘못 굳어진 습관이 평생 갑니다. 처음부터 숫자를 순서대로 정확히 쓰는 습관을 길러 주세요. 빨리 쓰는 것보다 제대로 쓰는 것이 중요합니다. 이 책에 나온 순서대로 숫자를 정확히 따라 써 보세요.

✓ '수 세기'는 덧셈, 뺄셈의 기초가 돼요!

수 세기를 반복하면 수의 순서를 익히는 데 도움이 됩니다. 수가 커지는 순서대로 수 세기를 하다 보면 3보다 1 큰 수는 4, 3보다 2 큰 수는 5라는 것을 쉽게 알게 되지요. 이것은 덧셈과 바로 연결됩니다. 반대로 수가 작아지는 순서대로 거꾸로 수 세기를 하다 보면 뺄셈의 기초를 다질 수 있습니다.

✓ '수 감각 놀이'로 성취감을 키워요!

아이들은 익숙한 생활 소재나 놀이로 접근하면 더 쉽게 이해합니다. 날짜별 마지막 쪽에 있는 '수 감각 놀이'를 통해 수학을 친근하게 접근하고, 생활 속에서도 적용해 보세요.

그리고 가장 중요한 한 가지! 공부하는 시간이 행복한 기억이 되도록 격려와 칭찬을 아끼지 말아 주세요!

이 책의 구성과 특징

이 책으로 놀이하듯 공부하면 100까지의 수를 척척 읽고 쓸 수 있습니다.

1 1단계 – 따라 쓰며 익히기

정확히 쓰는 법을 익힐 수 있도록 순서대로 쓰는 법을 제시했습니다. 따라 써 보며 개념을 익힙니다.

2 2단계 – 맞는 것 고르기

어떤 수가 맞을까? 아이들이 ○하면서 맞는 것을 골라요. 골라 보며 개념을 쉽게 다질 수 있어요.

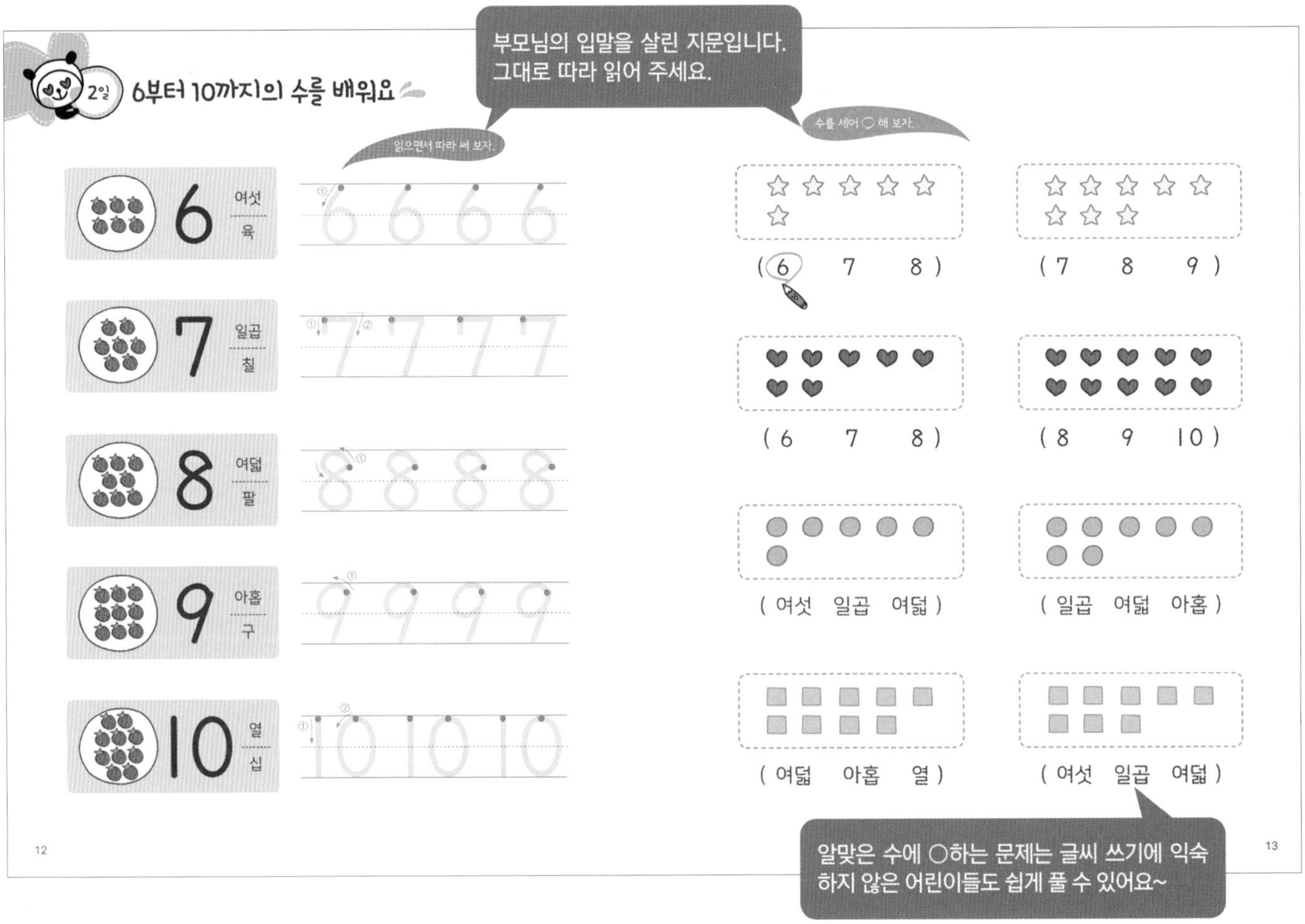

부모님의 입말을 살린 지문입니다. 그대로 따라 읽어 주세요.
2일 6부터 10까지의 수를 배워요
읽으면서 따라 써 보자.
수를 세어 ○ 해 보자.
6 여섯 육
7 일곱 칠
8 여덟 팔
9 아홉 구
10 열 십
(6 7 8)
(7 8 9)
(6 7 8)
(8 9 10)
(여섯 일곱 여덟)
(일곱 여덟 아홉)
(여덟 아홉 열)
(여섯 일곱 여덟)
12
13
알맞은 수에 ○하는 문제는 글씨 쓰기에 익숙하지 않은 어린이들도 쉽게 풀 수 있어요~

100까지의 수, 벌써 알아요!
우아, 대단한걸?
너 정말 멋지다!

부모님, 이렇게 칭찬해 주세요!

칭찬은 아이들 자존감 형성의 기본! 7살 첫 수학, 공부 기술을 가르치기보다 공부의 즐거움을 맛보게 해주세요!

'4단계 수 세기 학습법'으로 덧셈, 뺄셈의 기초를 다져 주세요!

3 3단계 – 빈칸 채워 직접 써 보기

이제는 빈칸에 직접 써 봅니다. 아이가 직접 빈칸에 하나하나 수를 쓸 수 있도록 기다려 주세요.

4 4단계 – 수 감각 놀이하기~

아이들이 수학을 즐겁게 받아들일 수 있도록 생활 속에서 수를 직접 발견하고 활용하는 연습을 해요.

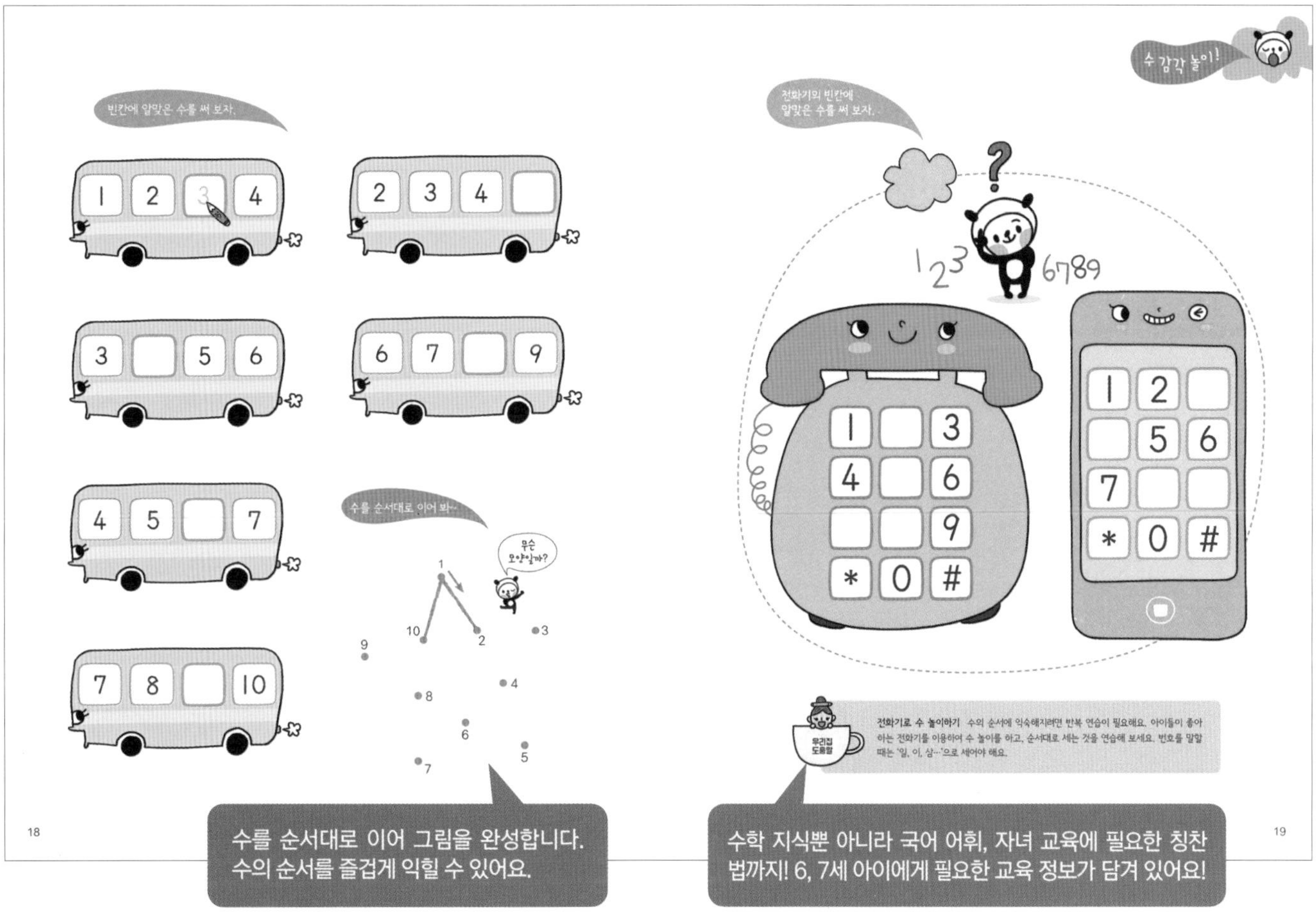
빈칸에 알맞은 수를 써 보자.
수를 순서대로 이어 봐~
무슨 모양일까?
수 감각 놀이!
전화기의 빈칸에 알맞은 수를 써 보자.
우리집 도움말
전화기로 수 놀이하기 수의 순서에 익숙해지려면 반복 연습이 필요해요. 아이들이 좋아하는 전화기를 이용하여 수 놀이를 하고, 순서대로 세는 것을 연습해 보세요. 번호를 말할 때는 '일, 이, 삼…'으로 세어야 해요.
18
19

수를 순서대로 이어 그림을 완성합니다. 수의 순서를 즐겁게 익힐 수 있어요.

수학 지식뿐 아니라 국어 어휘, 자녀 교육에 필요한 칭찬법까지! 6, 7세 아이에게 필요한 교육 정보가 담겨 있어요!

부모님, 이렇게 지도해 주세요!

우리 아이들, 지금은 틀려도 괜찮아요. 아이 스스로 생각할 시간을 주시고, 답을 말하고 싶더라도 한 번 참았다가 얘기해 주세요. 그 시간이 아이의 생각이 자라는 시간이니까요.

차 례

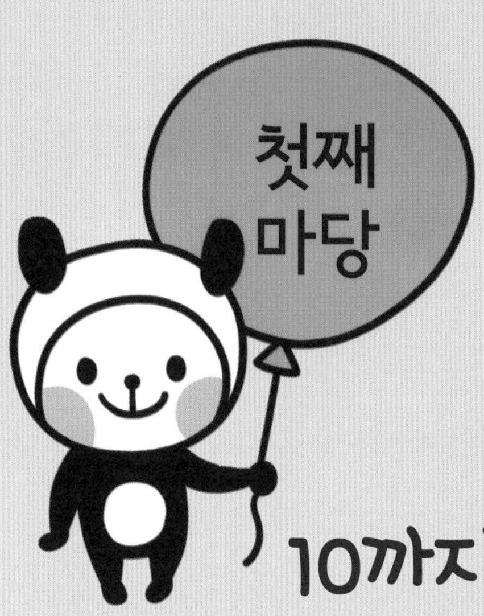

10까지의 수, 제대로 알아요!

10까지의 수는 대부분의 아이들이 일상생활에서도 흔히 경험하기 때문에 쉽다고 느낍니다. 하지만 정확히 읽고 쓰는 아이는 많지 않습니다.

초등학교 1학년에 입학하면 1부터 10까지의 수를 셀 수 있다는 전제를 두고 학습합니다. 1부터 10까지의 수부터 정확히 쓰고 읽도록 연습시켜 주세요!

소리 내어 읽고
쓰는 게 좋아요!

수 학습을 시작할 때는 '소리 내어 수 세기'를 하는 게 좋아요. 자신이 소리 내어 읽는 소리를 귀로 듣고, 눈으로 보고, 손을 움직여 문제를 풀면 뇌가 활성화되어 학습 능력과 집중력이 향상되니까요. 수를 큰 소리로 읽고 쓰도록 지도해 주세요.

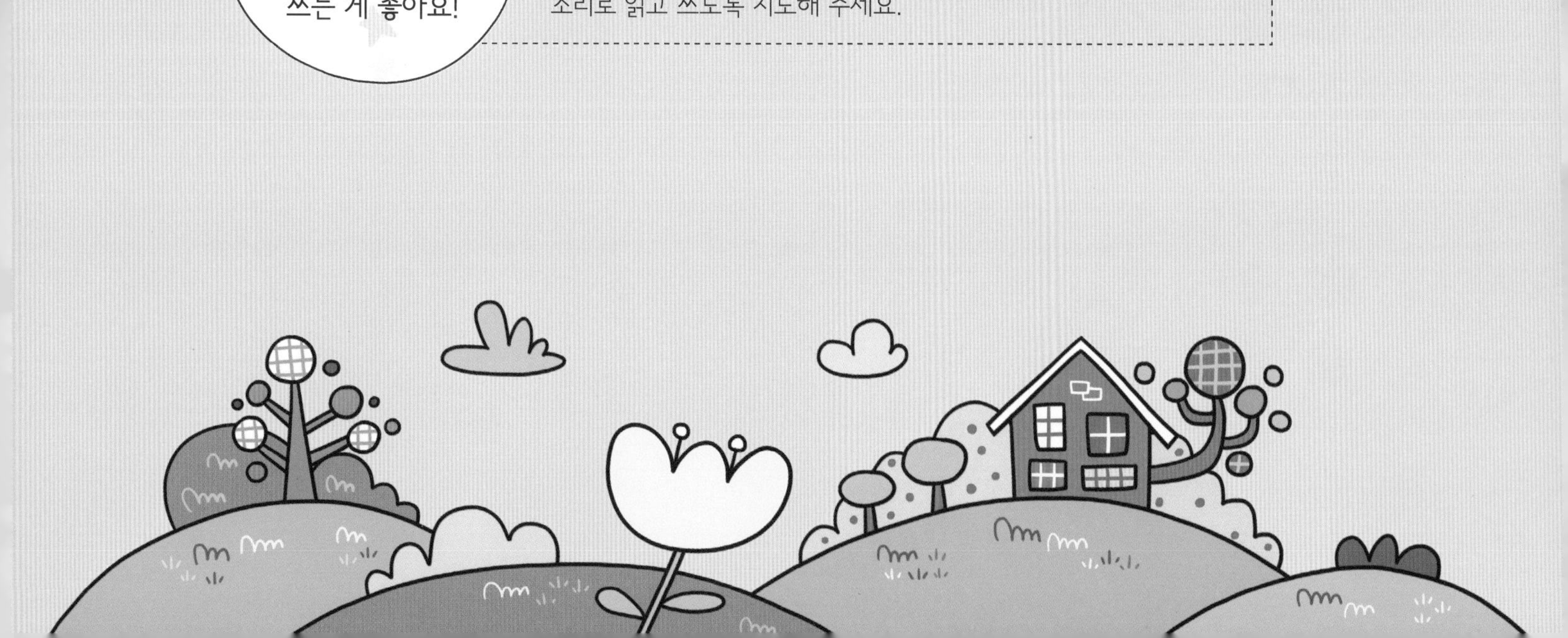

1일 1부터 5까지의 수를 배워요

읽으면서 따라 써 보자.

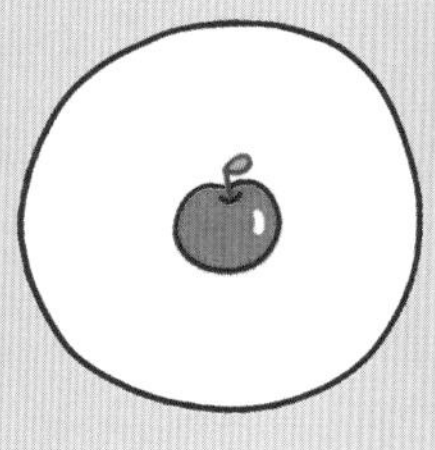

1 하나 / 일

1 1 1 1

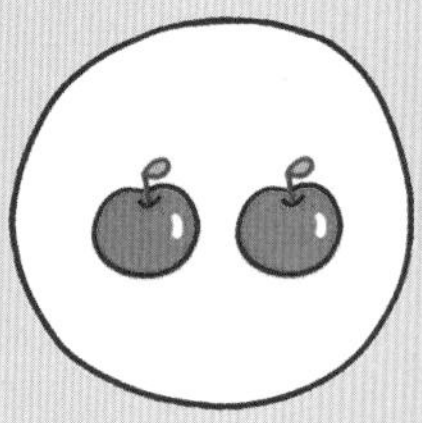

2 둘 / 이

2 2 2 2

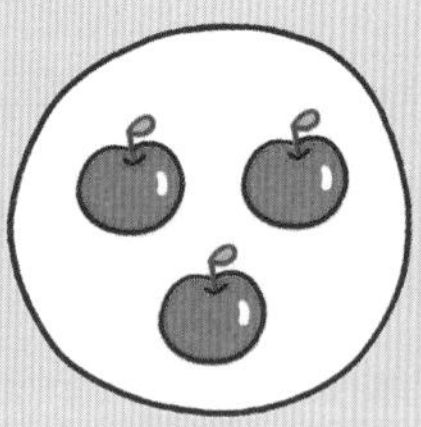

3 셋 / 삼

3 3 3 3

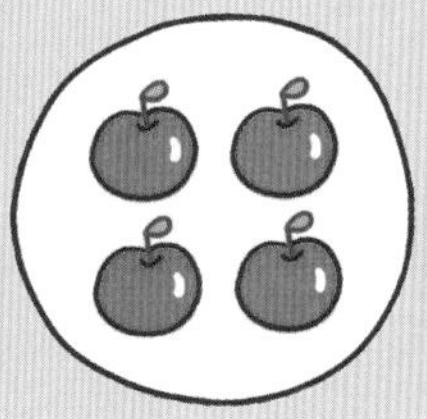

4 넷 / 사

4 4 4 4

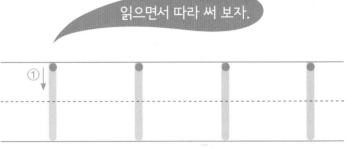

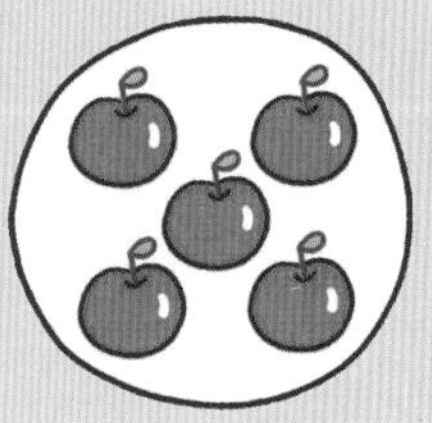

5 다섯 / 오

5 5 5 5

수를 세어 ◯ 해 보자.

(1 2 3)

(3 4 5)

(3 5 4)

(2 3 5)

(하나 둘 셋)

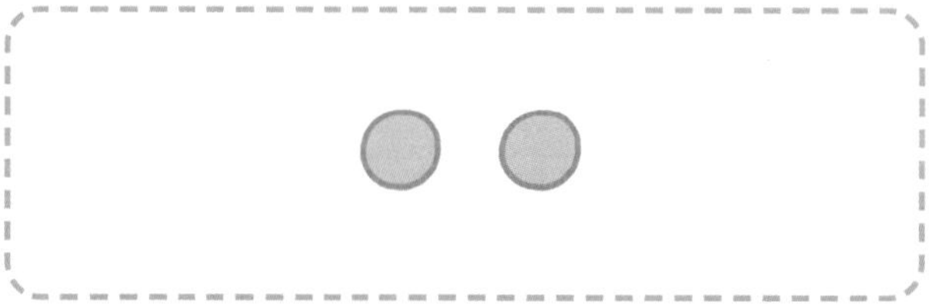

(둘 셋 넷)

(둘 셋 넷)

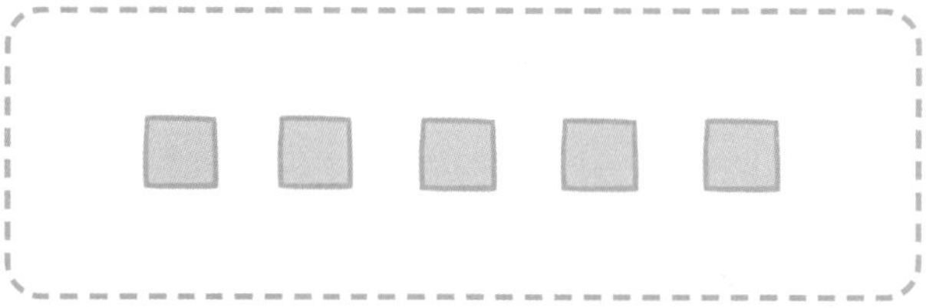

(셋 넷 다섯)

알맞게 선으로 이어 볼까?

똑바로 선을 긋는 것도 중요해요. 연필을 엄지와 검지, 중지 세 손가락을 이용해 잡고 선을 긋도록 지도해 주세요.

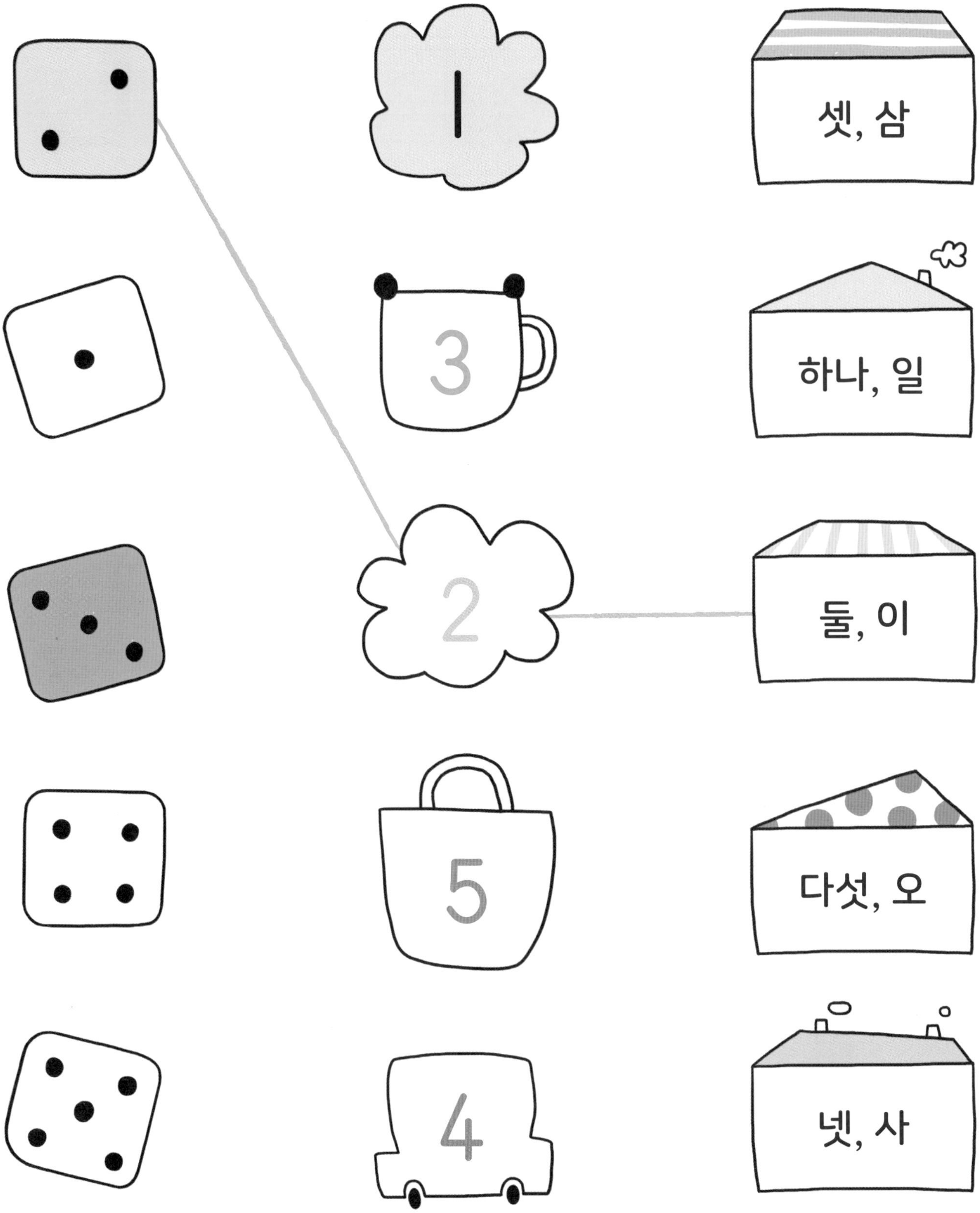

우리집 도움말

아이에게 수 세기가 어렵다면? 수는 두 가지 방법으로 셀 수 있어요! 우리말 수 세기(하나, 둘, 셋…)와 한자어 수 세기(일, 이, 삼…)이지요. 우리말 수 세기의 경우, 뒤에 단위가 붙으면 '하나 개'가 아닌 '한 개'로 읽습니다. 억지로 외우게 하지 마시고, 한 개, 두 개, 세 개 이런 식으로 생활 속에서 여러 번 말해서 자연스럽게 익히게 해주세요.

2일 6부터 10까지의 수를 배워요

읽으면서 따라 써 보자.

6 여섯 / 육

① 6 6 6 6

7 일곱 / 칠

① ② 7 7 7 7

8 여덟 / 팔

① 8 8 8 8

9 아홉 / 구

① 9 9 9 9

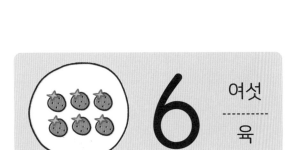

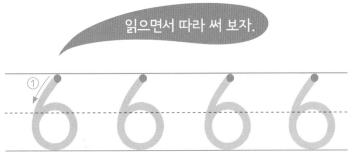

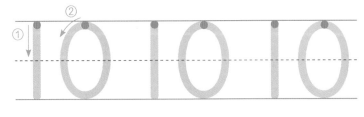

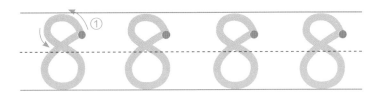

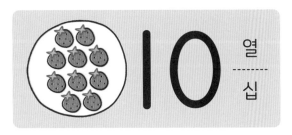

10 열 / 십

① ② 10 10 10

수를 세어 ○ 해 보자.

(6 7 8)

(7 8 9)

(6 7 8)

(8 9 10)

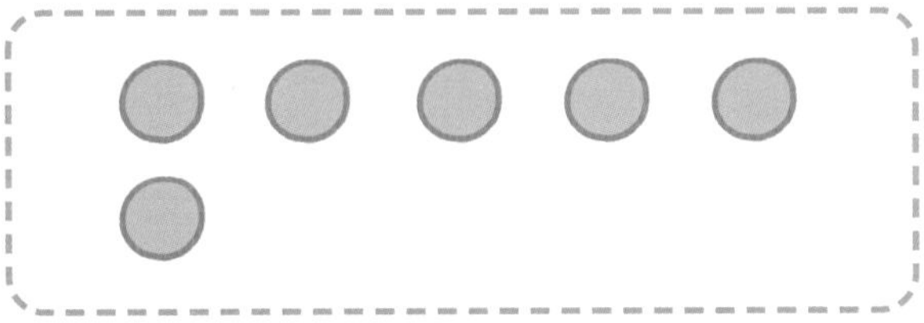

(여섯 일곱 여덟)

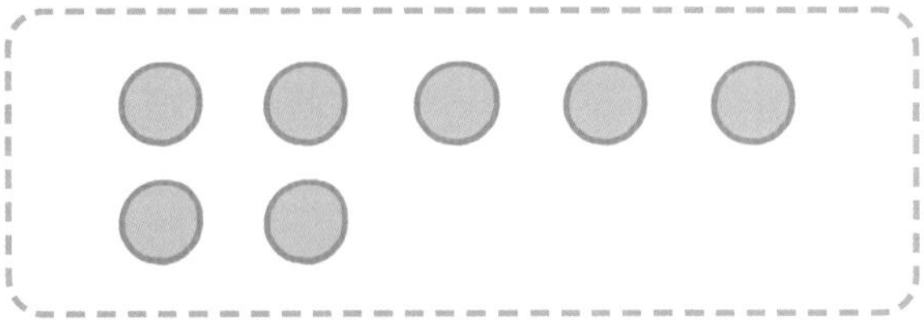

(일곱 여덟 아홉)

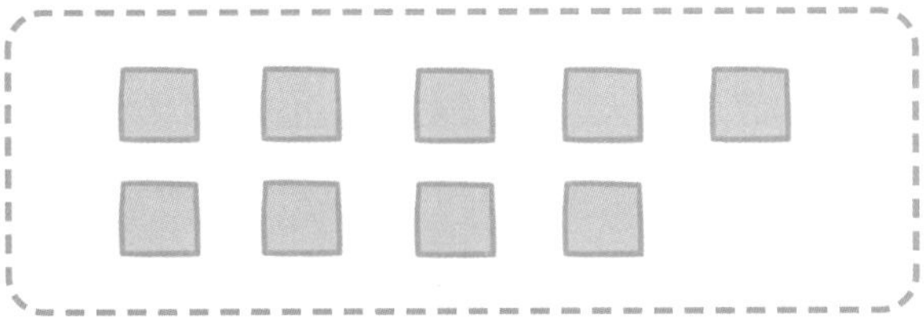

(여덟 아홉 열)

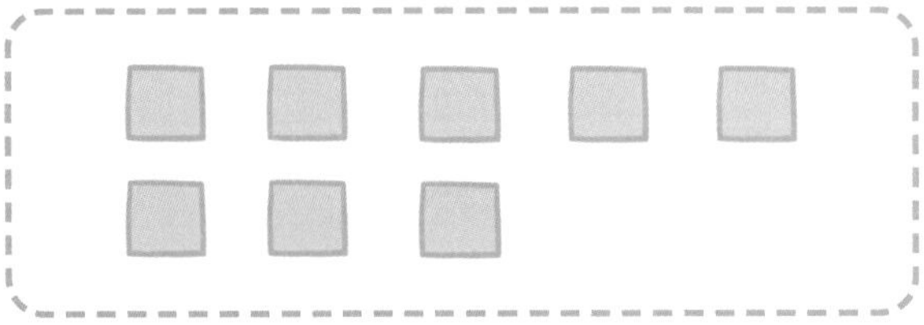

(여섯 일곱 여덟)

알맞게 선으로 이어 볼까?

"아홉, 구!" 큰 소리로 읽으며 선을 잇도록 지도해 주세요.

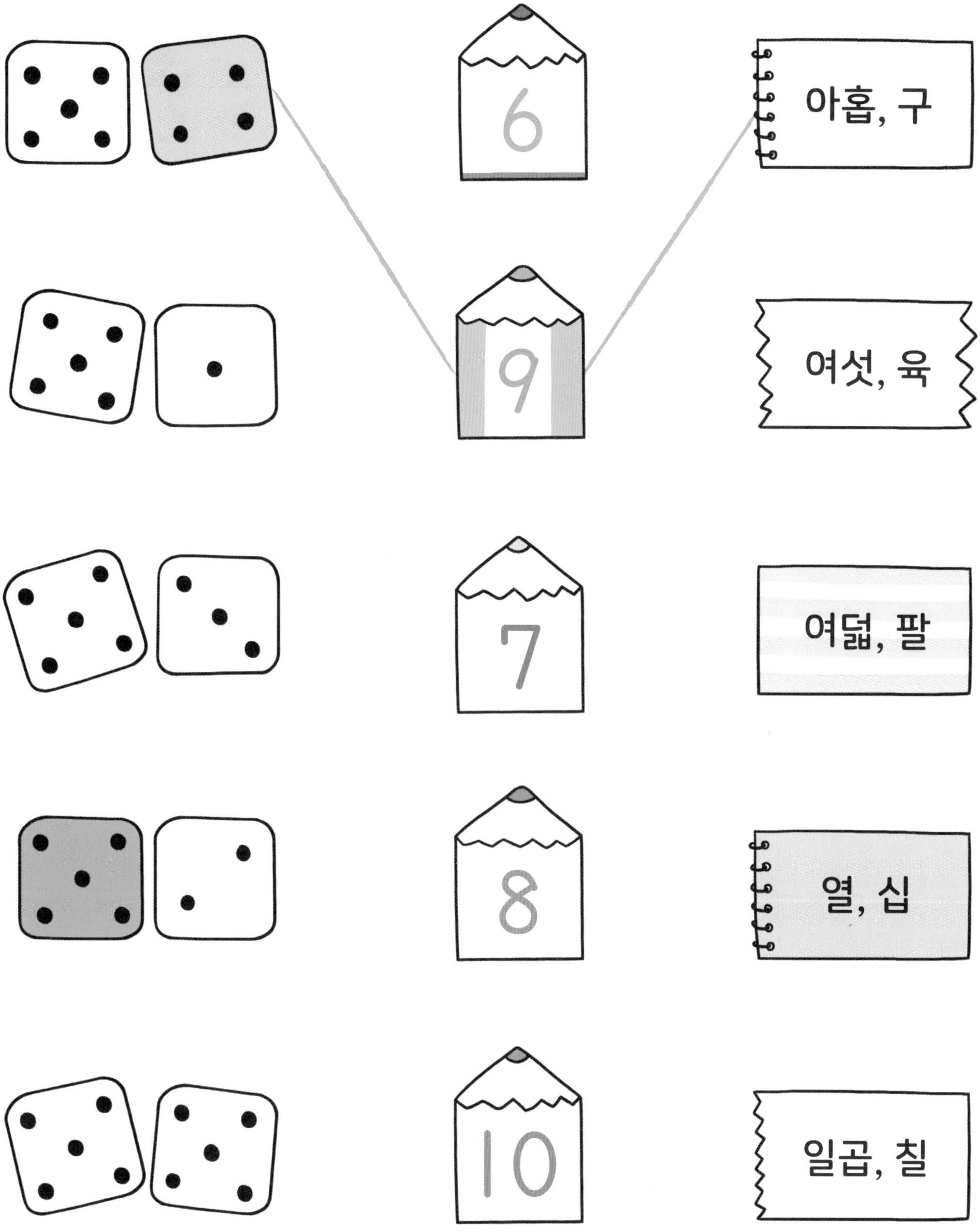

포크	[ ] 개	컵	[ ] 개
딸기	[ ] 개	마카롱	[ ] 개
초콜릿	[ ] 개	쿠키	[ ] 개

우리집 도움말

물건의 개수를 셀 때는 다섯, 여섯, 일곱! 음식을 먹을 때도 수 놀이를 해 보세요. '쿠키는 여섯 개, 딸기는 일곱 개….' 생활 속에서 묻고 답하다 보면, 물건의 개수를 셀 때에는 여섯, 일곱으로 센다는 걸 자연스럽게 익힐 수 있어요.

3일 10까지 수의 순서를 알아요

읽으면서 따라 써 보자.

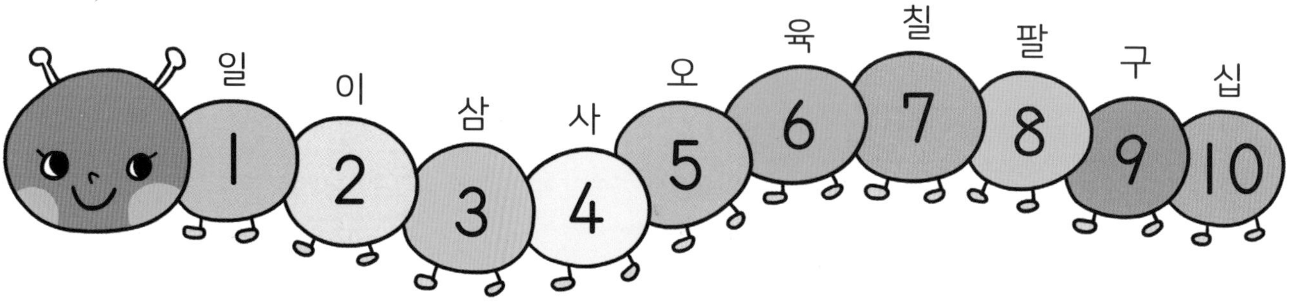

일	이	삼	사	오	육	칠	팔	구	십
1	2	3	4	5	6	7	8	9	10

순서대로 수 세기가 자연스러워지면 거꾸로 세게 해보세요. 습관적으로 수를 세는 것이 아니라 수의 순서를 확실하게 인지했는지 알 수 있어요.

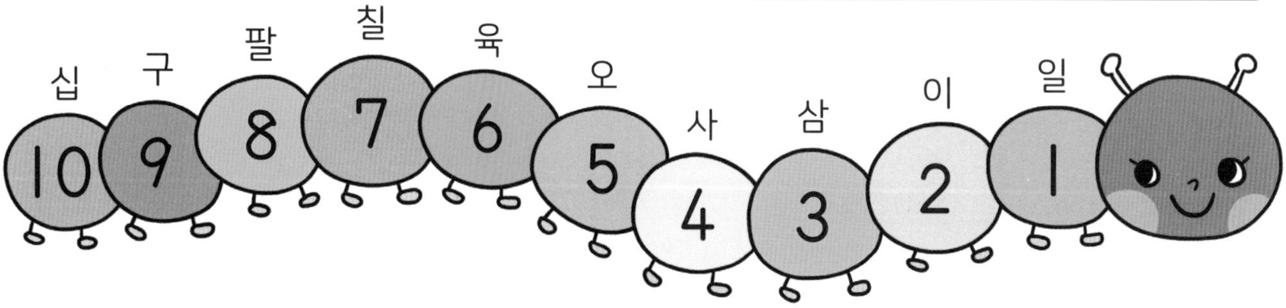

십	구	팔	칠	육	오	사	삼	이	일
10	9	8	7	6	5	4	3	2	1

빈칸에 들어갈 수에 ○ 해 보자.

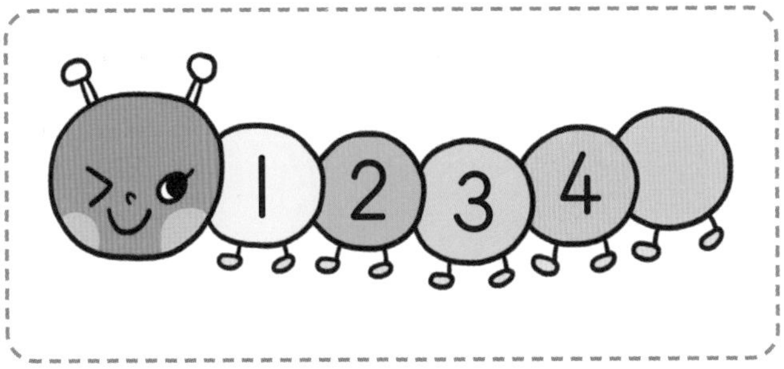

(5 6 7)

(2 4 8)

(4 5 9)

(3 7 8)

(2 6 9)

(3 5 8)

빈칸에 알맞은 수를 써 보자.

수를 순서대로 이어 봐~

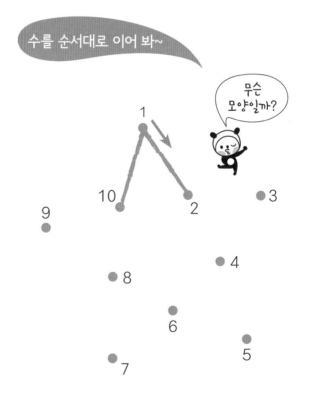

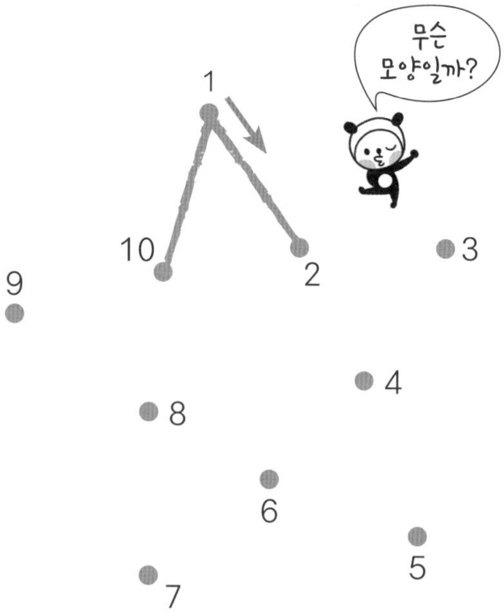

전화기의 빈칸에 알맞은 수를 써 보자.

우리집 도움말

전화기로 수 놀이하기 수의 순서에 익숙해지려면 반복 연습이 필요해요. 아이들이 좋아하는 전화기를 이용하여 수 놀이를 하고, 순서대로 세는 것을 연습해 보세요. 번호를 말할 때는 '일, 이, 삼…'으로 세어야 해요.

4일 1 큰 수와 1 작은 수를 찾아요

1보다 1 큰 수는 2

7보다 1 큰 수는 8

1	2	3	4	5	6	7	8	9	10

1 큰 수와 1 작은 수는 1학년 때 배우는 말이에요. 1보다 1 큰 수는 1 다음 수와 같다고 말해 주세요.

1 큰 수를 써 보자.

1 —1큰수→ 2

1 보다 한 개 많으면?

3 —1큰수→ 4

3 다음 수는?

5 —1큰수→ ☐

7 —1큰수→ ☐

4 —1큰수→ ☐

6 —1큰수→ ☐

8 —1큰수→ ☐

9 —1큰수→ ☐

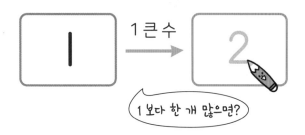

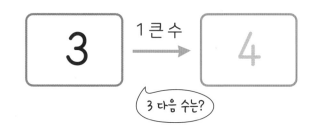

2보다 1 작은 수는 1

8보다 1 작은 수는 7

1	2	3	4	5	6	7	8	9	10

틀려도 괜찮아요. 지금은 답을 맞히는 게 중요하지 않아요. 아이 스스로 생각할 시간을 주시고, 답을 말하고 싶더라도 한 번 참았다가 얘기해 주세요. 그 시간이 아이의 생각이 자라는 시간이니까요.

1 작은 수를 써 보자.

1 ← 1 작은 수 ← 2

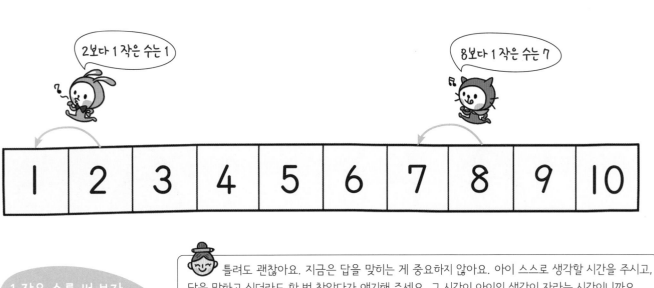

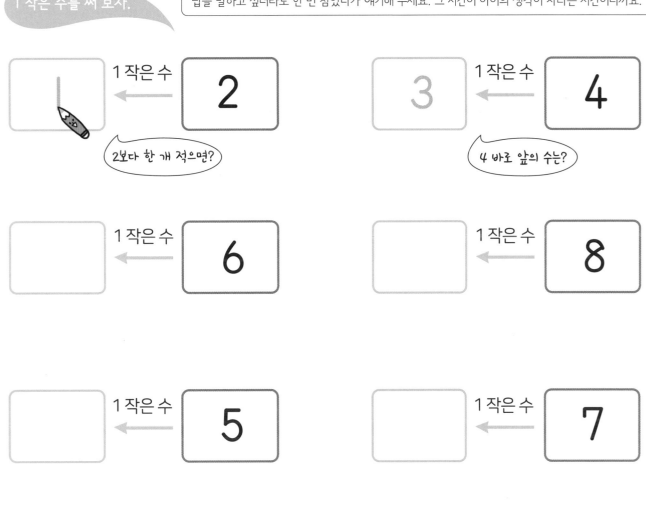

2보다 한 개 적으면?

3 ← 1 작은 수 ← 4

4 바로 앞의 수는?

☐ ← 1 작은 수 ← 6

☐ ← 1 작은 수 ← 8

☐ ← 1 작은 수 ← 5

☐ ← 1 작은 수 ← 7

☐ ← 1 작은 수 ← 9

☐ ← 1 작은 수 ← 10

자물쇠에 쓰인 수보다 1 큰 수와 1 작은 수를 써 보자.

1 작은 수 1 — 2 — 1 큰 수 3

1 작은 수 ☐ — 4 — 1 큰 수 ☐

1 작은 수 ☐ — 6 — 1 큰 수 ☐

1 작은 수 ☐ — 5 — 1 큰 수 ☐

1 작은 수 ☐ — 3 — 1 큰 수 ☐

1 작은 수 ☐ — 7 — 1 큰 수 ☐

1 작은 수 ☐ — 8 — 1 큰 수 ☐

1 작은 수 ☐ — 9 — 1 큰 수 ☐

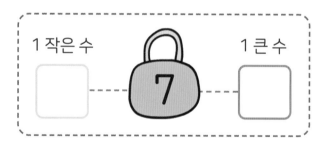

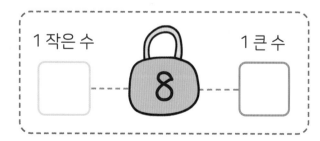

수 감각 놀이!

인형은 몇 개일까? 1 큰 수와 1 작은 수도 써 보자.

일상생활에서도 아이들과 인형의 수를 세어 보고, 1 큰 수와 1 작은 수도 얘기해 보세요. 수 감각을 키우는 데 큰 도움이 돼요. 부모님이 '기린 인형은 두 개, 곰 인형은 여섯 개가 있구나'라고 말해, 수를 세는 단위에도 익숙해지게 도와주세요~

5일 어떤 수가 더 클까요?

더 큰 수에 입을 벌려 볼까?

2 < 3

물고기가 더 많은 쪽으로 입을 쫙 벌리면 돼요!

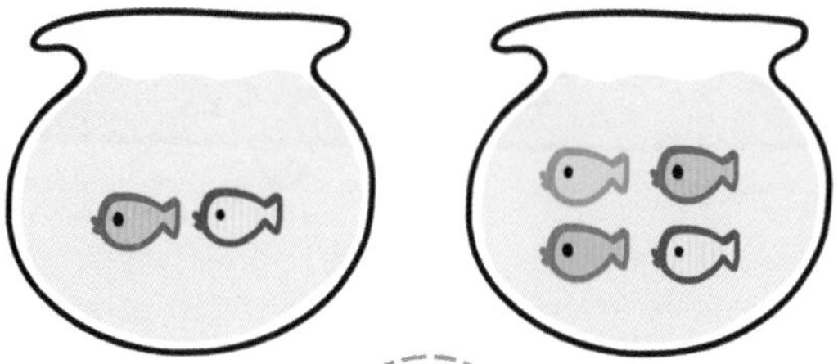

2 < 4

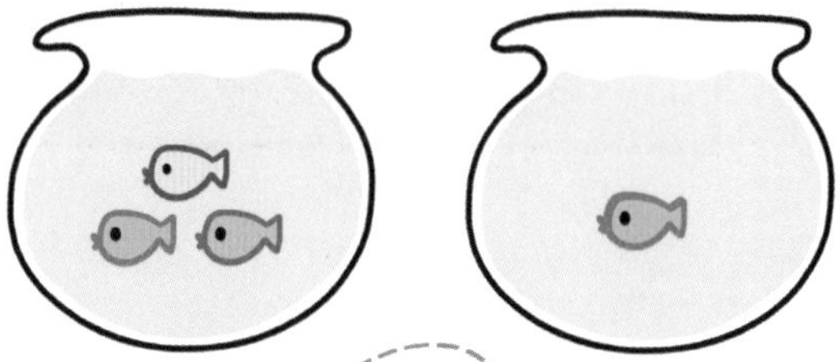

3 > 1

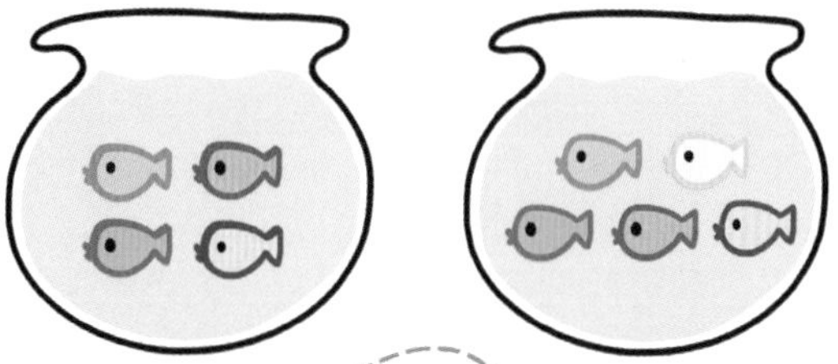

4 ○ 5

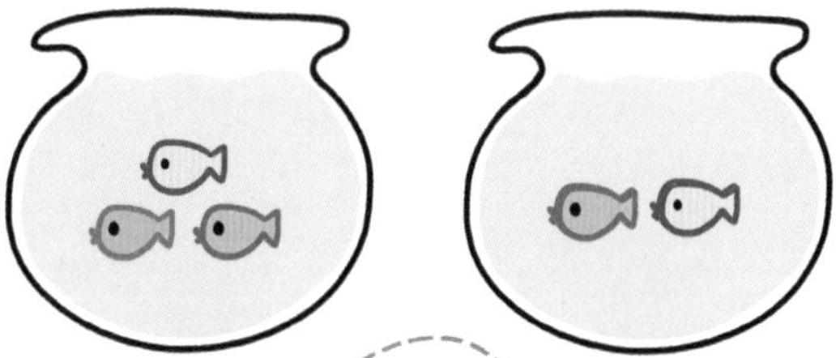

3 ○ 2

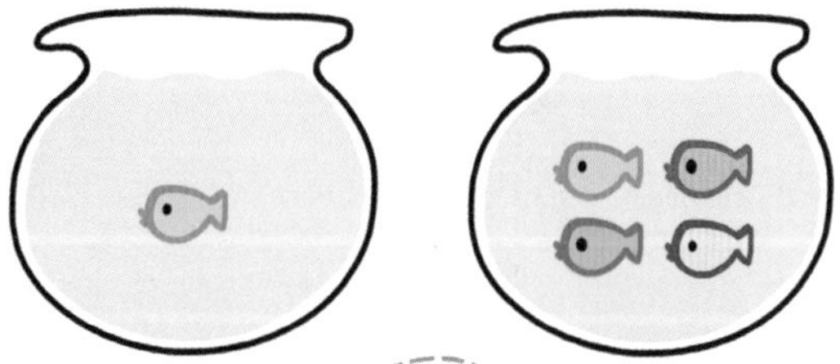

1 ○ 4

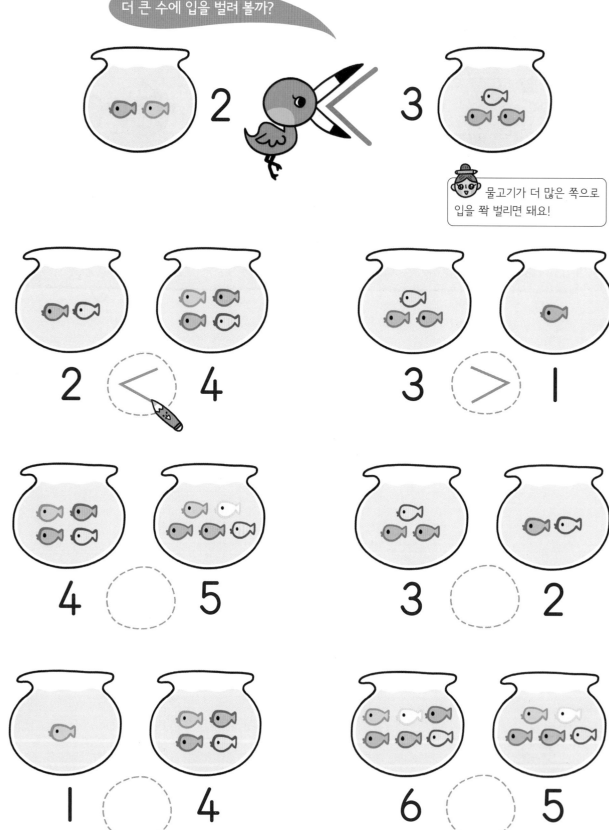

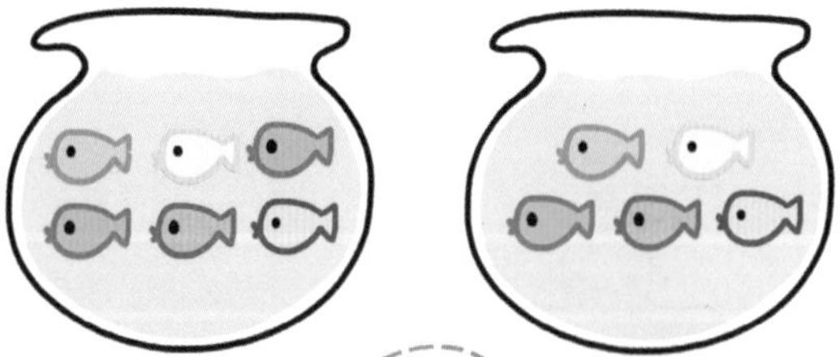

6 ○ 5

◌ 안에 >, <를 써 보자.

공부하다 지친다 싶으면 엄마가 먼저 그만하자고 말해 주세요.
공부는 즐거운 것이라는 기억을 만들어 주셔야 또 공부할 수 있어요.

2	<	5	5	>	3
6	◌	2	3	◌	4
4	◌	7	7	◌	6
8	◌	9	8	◌	4

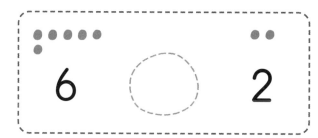

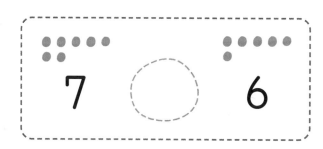

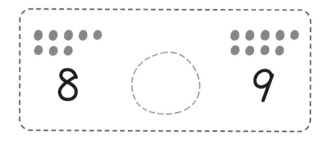

○ 안에 >, <를 써 보자.

 더 큰 수 쪽으로
입을 벌려 봐~

1 < 2

6 < 8

5 ○ 3

7 ○ 4

6 ○ 5

9 ○ 10

수를 다시 한 번 써 보자.

십 구 팔 칠 육 오 사 삼 이 일
10 9 7 5 3 1

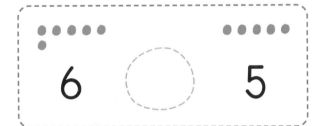

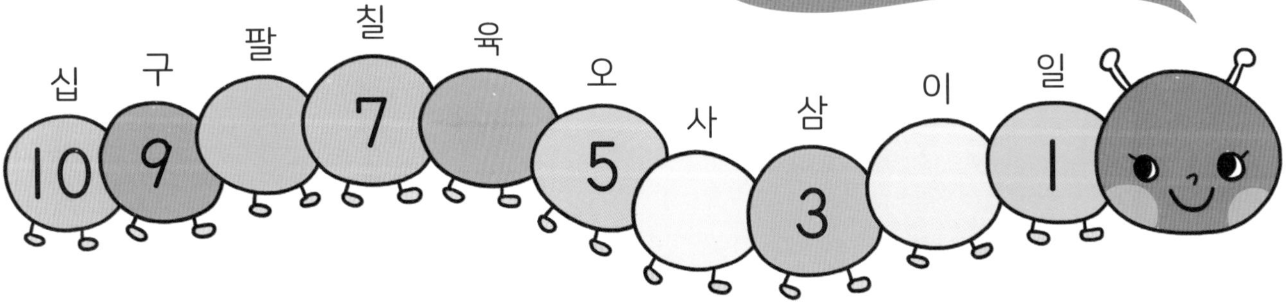

수를 세어 쓰고 ◌ 안에 >, <를 써 보자.

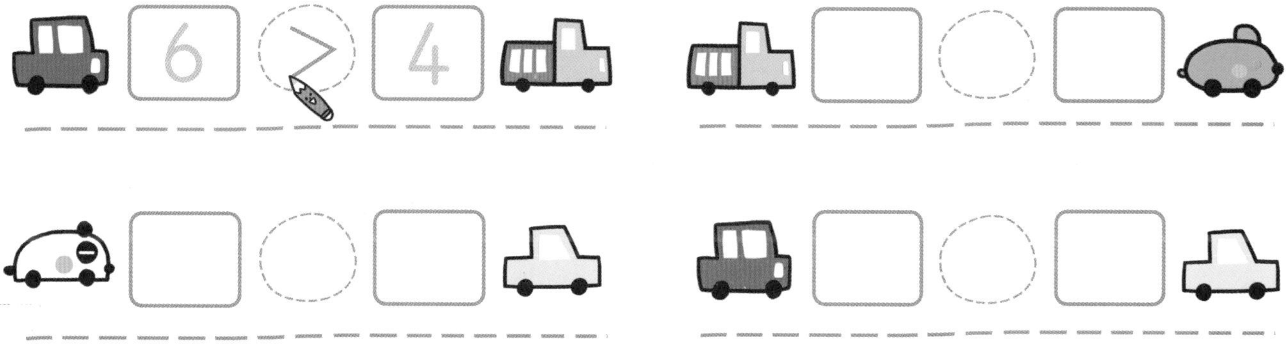

우리집 도움말

부등호 쉽게 익히기 수의 크기를 비교할 때 사용하는 부등호는 아이들에게 낯선 기호예요. 부등호를 설명할 때는 '동물들은 먹이가 더 많은 쪽을 좋아해서 더 큰 수 쪽으로 입을 벌려.'라고 알려주면 좋아요.

6일 10까지의 수, 섞어서 연습해 봐요

수를 따라 쓰고 순서대로 이어 볼까?

해골은 몇 개일까?
알맞은 수에 ○ 해 보자.

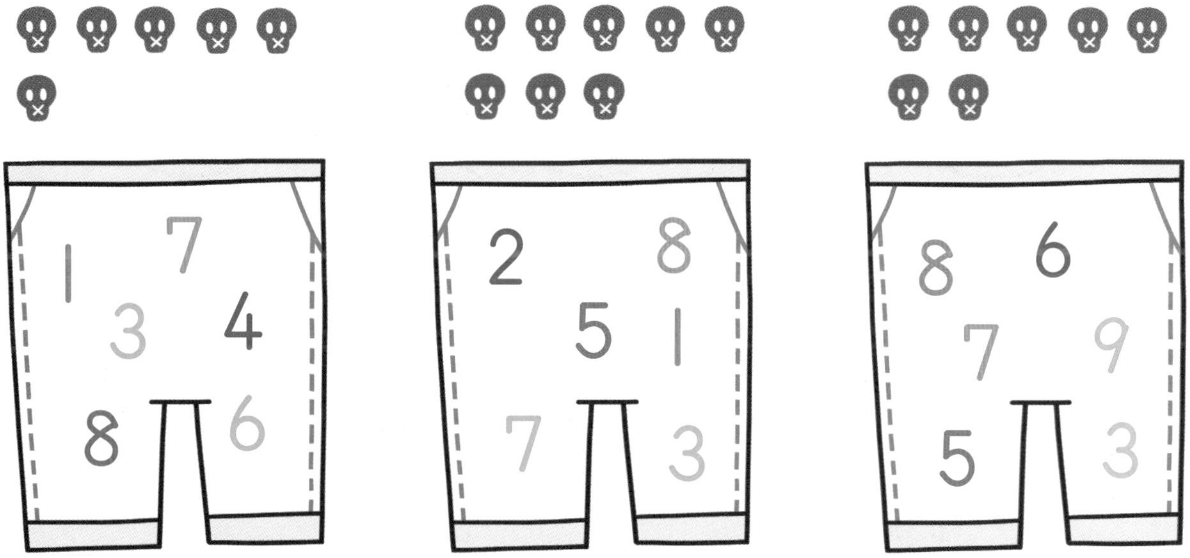

비어 있는 물방울에 알맞은 수를 채워 보자.

1	2			5
6	7	8		10
일	이	삼	사	오
육	칠	팔	구	십

부모님, 진도를 많이 나가는 건 중요하지 않아요. 억지로 시키면 공부를 싫어하게 됩니다. 지금은 부모님과 함께한 행복한 시간으로 기억되게 해주세요.

50까지의 수, 벌써 알아요!

초등학교 1학년 1학기에 50까지의 수를 배웁니다. 50까지의 수를 제대로 쓰고 읽을 수 있어야 초등학교에 들어가서도 자신감이 생기는 거죠.
이 책을 보고 50까지의 수를 차근차근 연습하다 보면 어느 순간 혼자서도 수를 바르게 쓰고 척척 읽을 수 있을 거예요.

십 단위부터는 열 개를 한 묶음으로 세는 게 좋아요!

큰 수를 셀 때는 10개를 한 묶음으로 세는 게 좋아요. 우리가 사용하는 십진법은 10개의 '일'을 한 개의 '십'으로 바꾸는 특성이 있기 때문이지요. 집에서 바둑돌, 블록 등을 이용해 10개씩 묶어 수를 세는 놀이를 해 보세요.

7일 11부터 15까지의 수, 벌써 알아요

이제부터는 10을 이런 모양으로 보여 줄 거예요.

읽으면서 따라 써 보자.

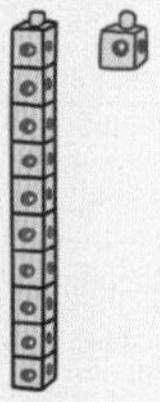

11

십일, 열하나

11 11 11

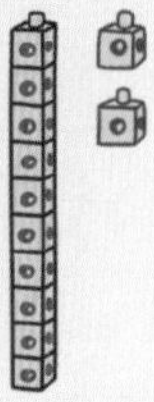

12

십이, 열둘

12 12 12

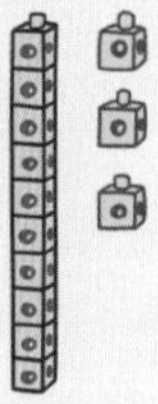

13

십삼, 열셋

13 13 13

14

십사, 열넷

14 14 14

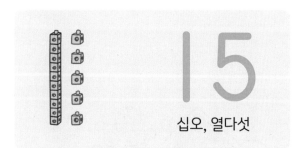

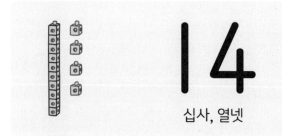

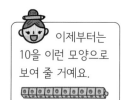

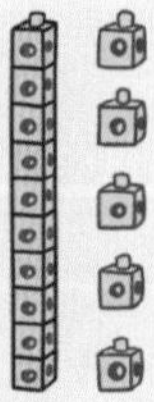

15

십오, 열다섯

15 15 15

10개씩 묶고, 모양의 수를 세어 ◯해 보자.

(11 12 13)

(12 13 14)

(10 12 13)

(10 11 13)

(십 십사 십이)

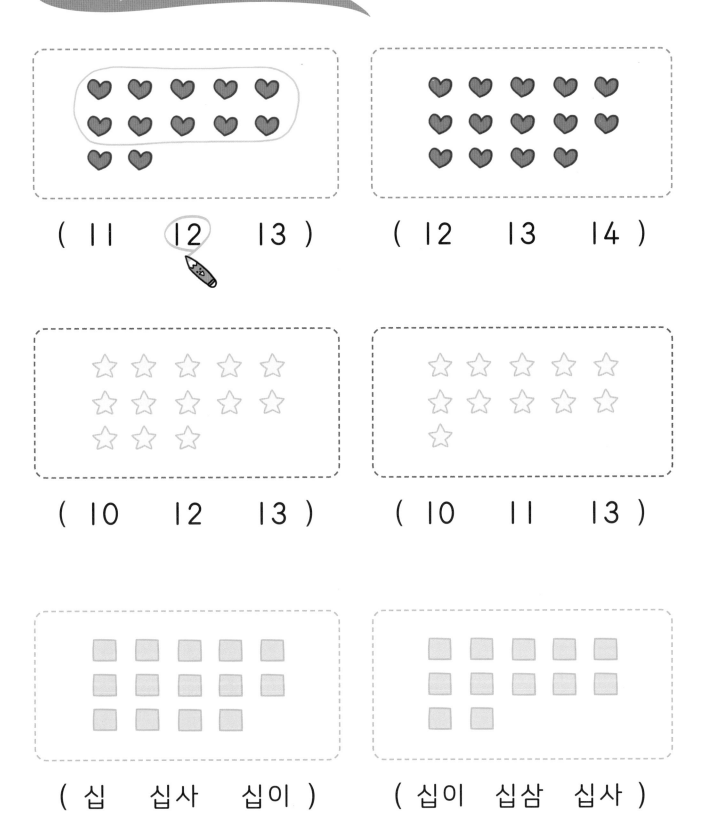

(십이 십삼 십사)

알맞게 선으로 이어 볼까?

구슬을 10개씩 묶어 보세요. 10개씩 1묶음과 낱개 1개는 11로 나타낼 수 있어요.

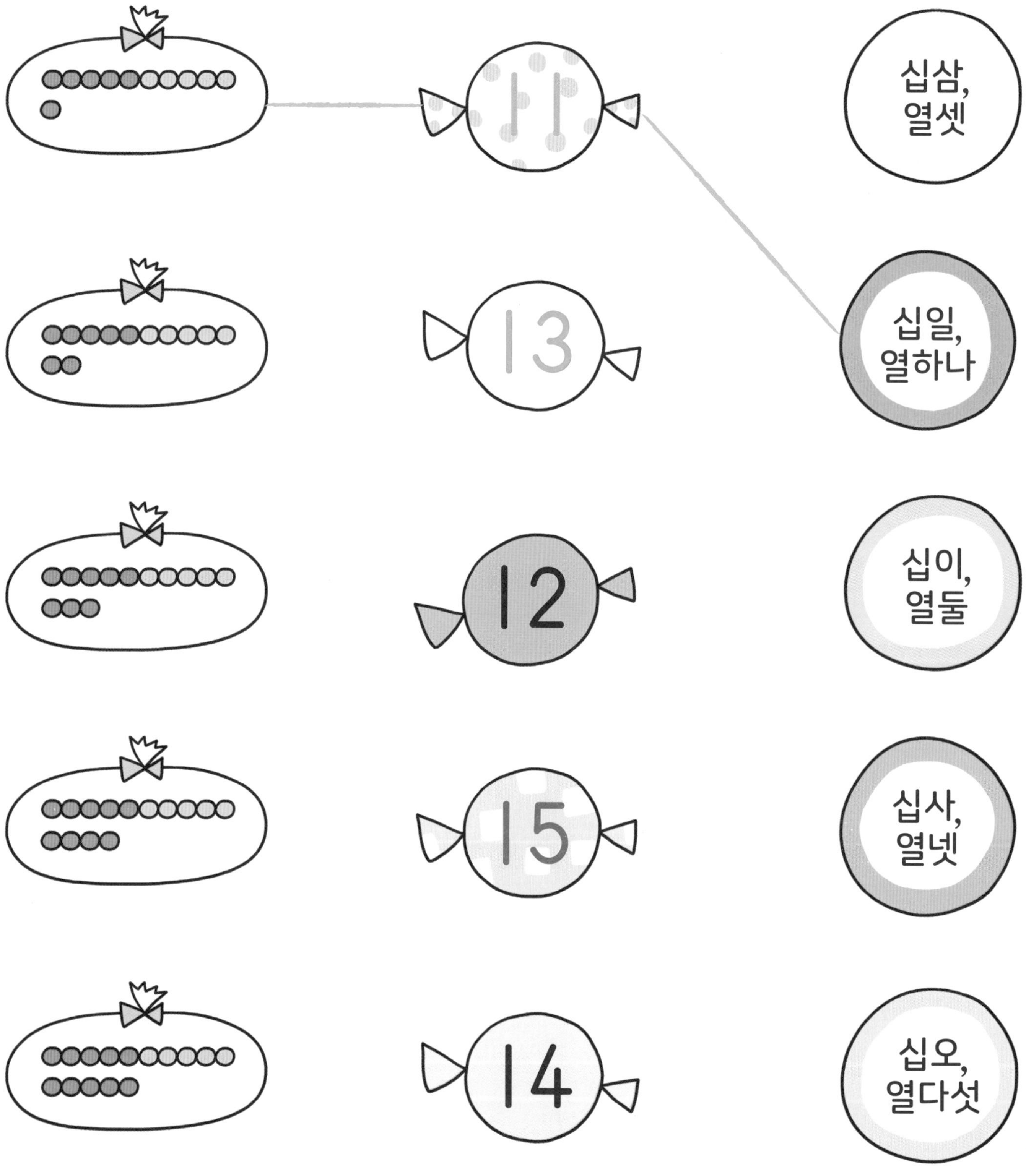

같은 펭귄끼리 10마리씩 묶고,
펭귄의 수를 각각 세어 보자.

 11 마리

 마리

 마리

 마리

펭귄을 한 마리씩 세기보다는 같은 펭귄을 10마리씩 묶은 후 나머지를 더 세도록 연습시켜 주세요. 10마리씩 묶어 세면 큰 수도 어렵지 않게 셀 수 있어요.

8일 16부터 20까지의 수, 벌써 알아요

읽으면서 따라 써 보자.

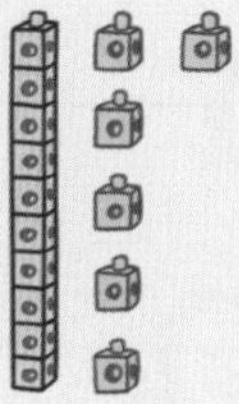

16

십육, 열여섯

16 16 16

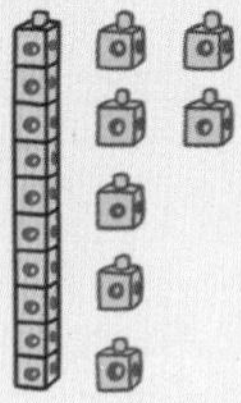

17

십칠, 열일곱

17 17 17

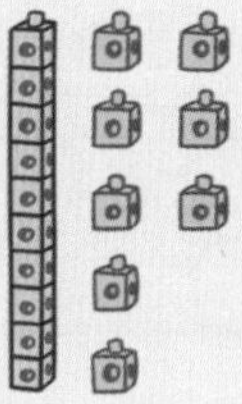

18

십팔, 열여덟

18 18 18

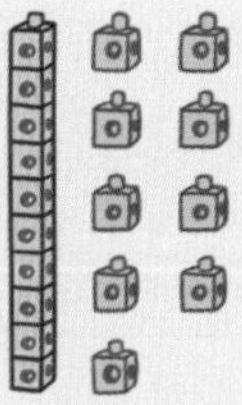

19

십구, 열아홉

19 19 19

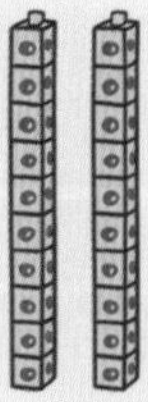

20

이십, 스물

20 20 20

10개씩 묶고, 모양의 수를 세어 ◯ 해 보자.

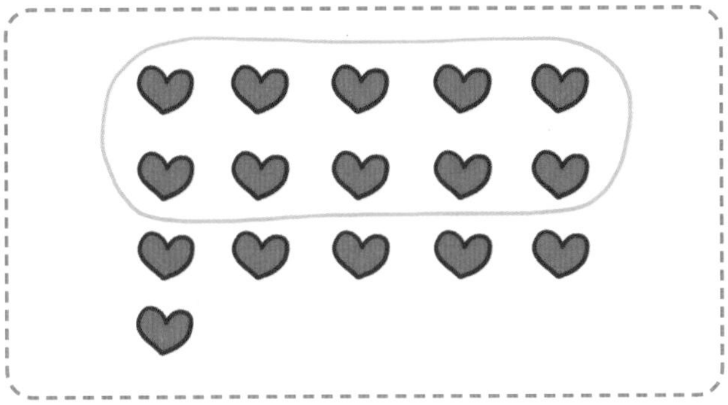

(15 16 17)

(15 16 17)

(18 19 20)

(14 17 19)

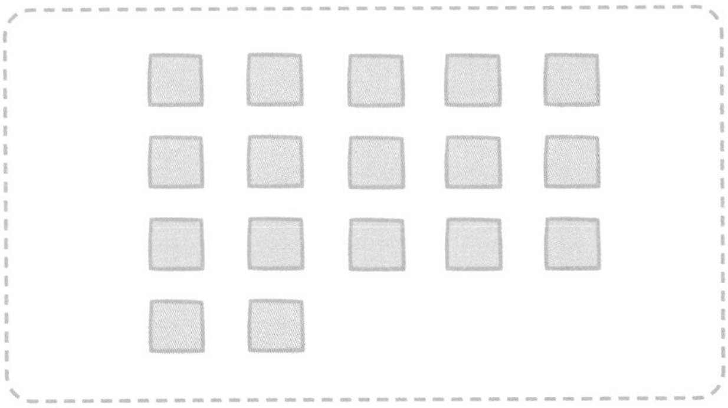

(십이 십오 십칠)

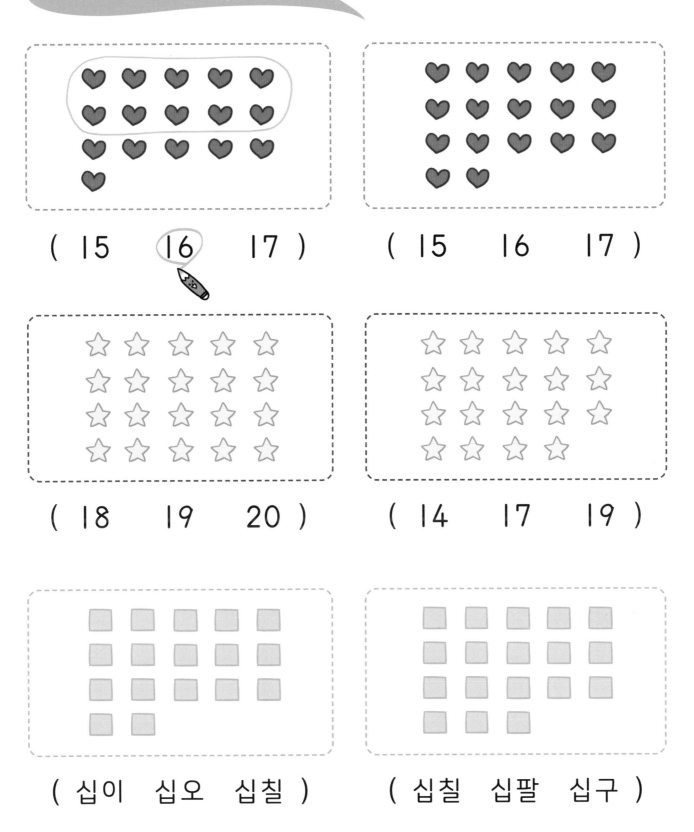

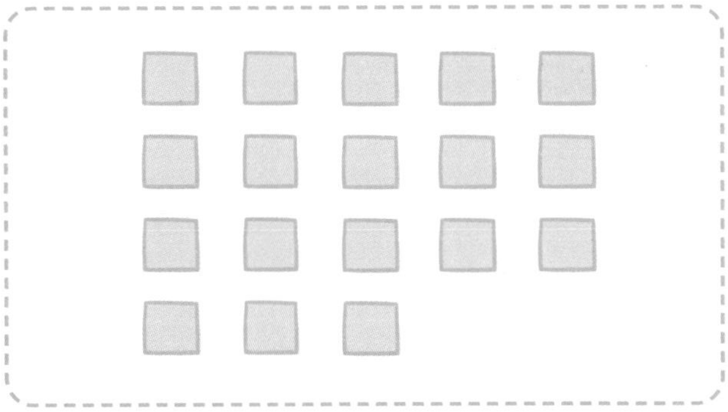

(십칠 십팔 십구)

알맞게 선으로 이어 볼까?

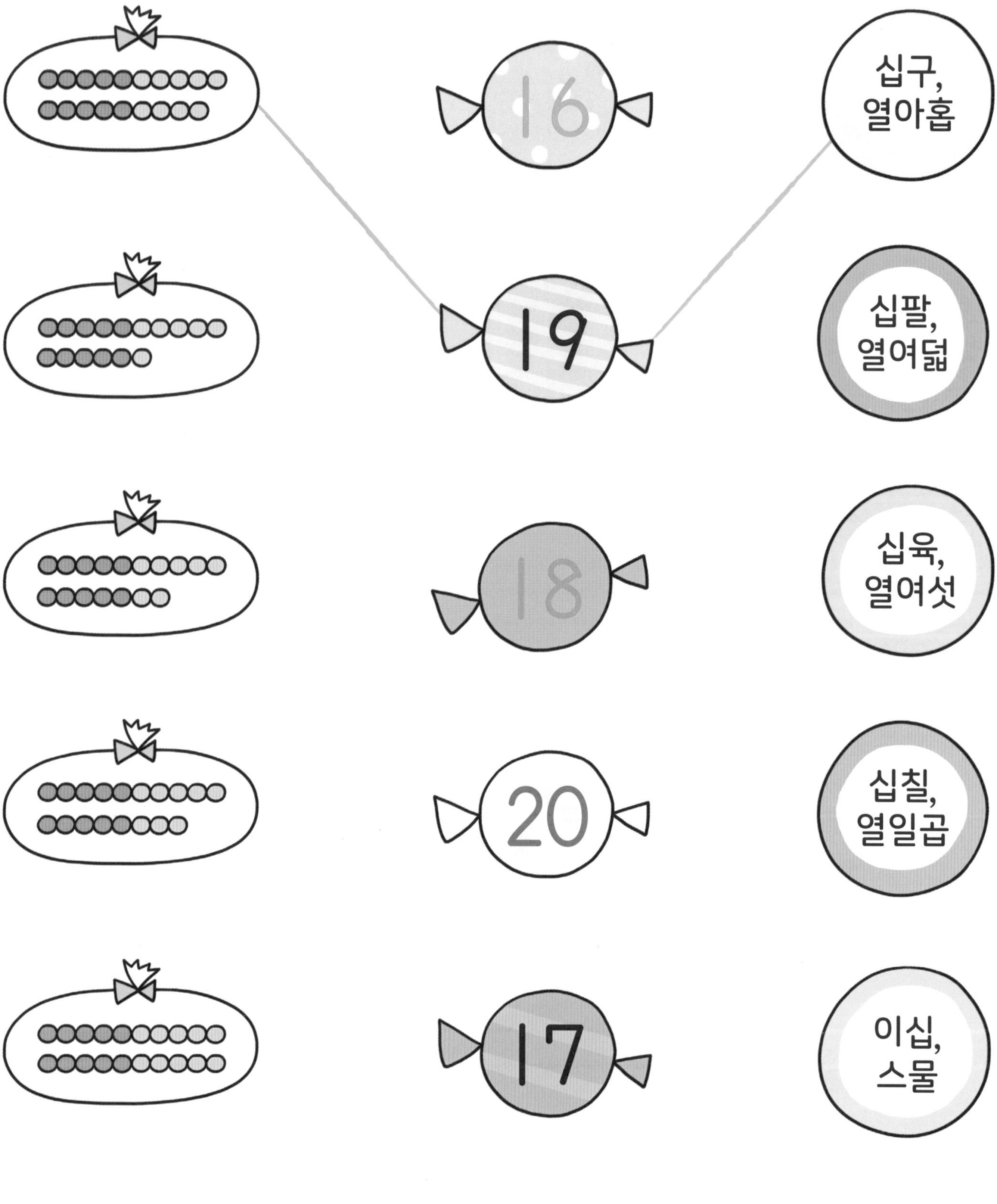

같은 동물끼리 10마리씩 묶고,
동물의 수를 각각 세어 보자.

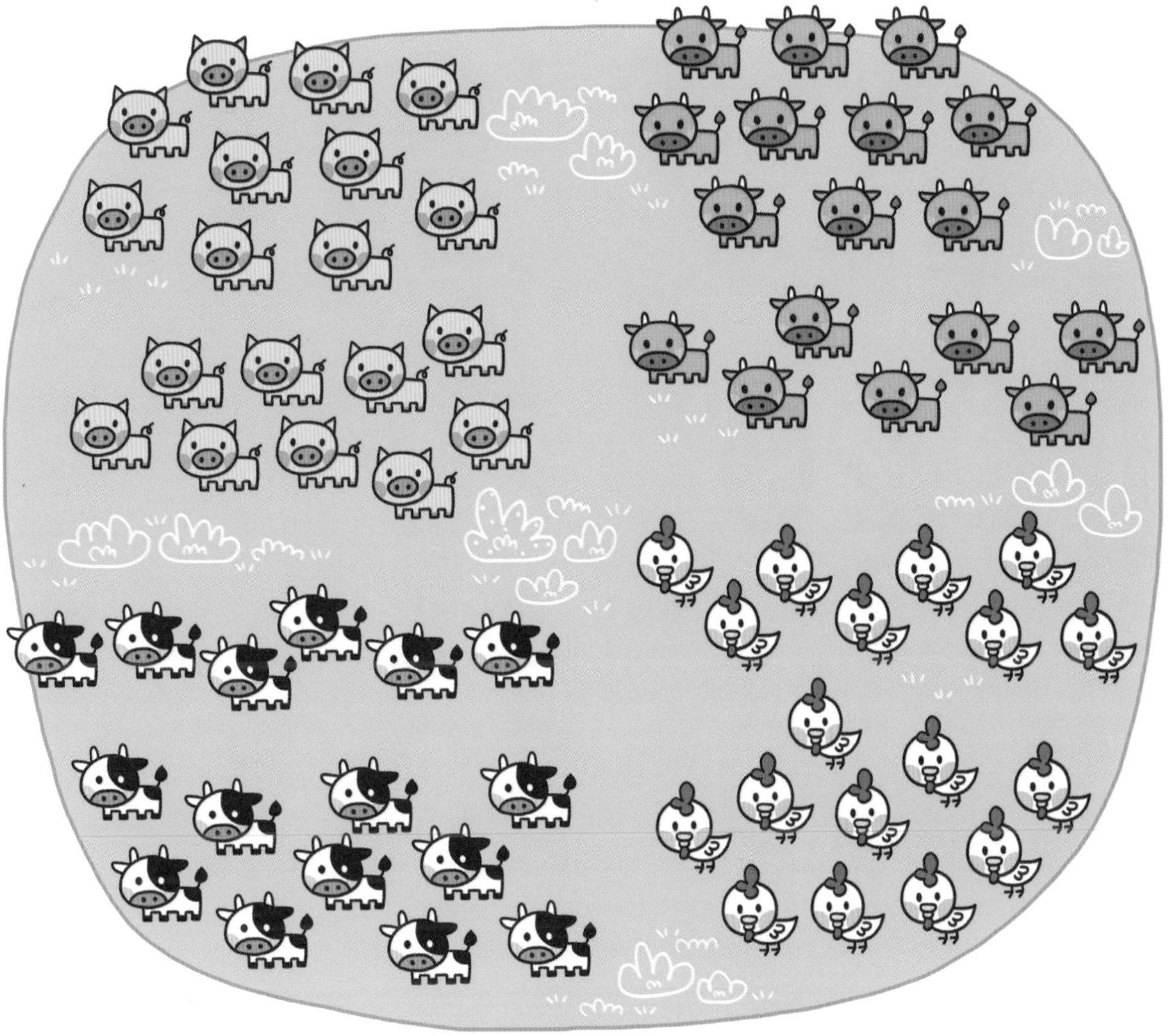

 19 마리

 마리

 마리

 마리

우리집 도움말

큰 수를 하나씩 세면 빼먹고 세거나 잘못 세기 쉬워요. 10씩 묶은 다음 나머지를 세도록 지도해 주세요. 10씩 묶어 세면, 큰 수도 정확하게 셀 수 있어요.

9일 10, 20, 30, 40, 50을 배워요

읽으면서 따라 써 보자.

10

십, 열

10 10 10

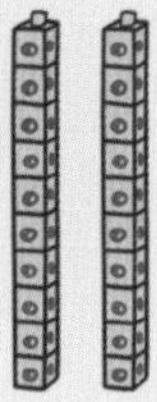

20

이십, 스물

20 20 20

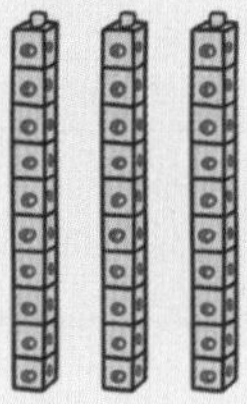

30

삼십, 서른

30 30 30

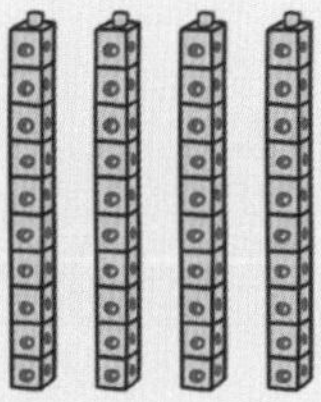

40

사십, 마흔

40 40 40

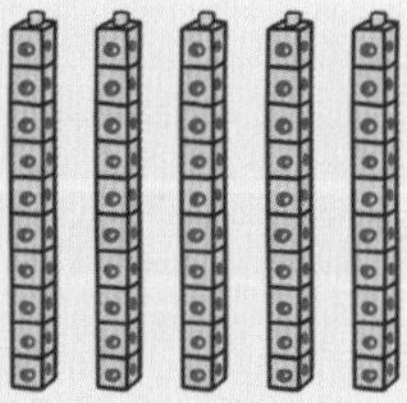

50

오십, 쉰

50 50 50

'오십, 쉰' 두 가지로 읽는 것을 어려워한다면 '십, 이십, 삼십…' 등 한자어 수 세기만 잘해도 괜찮습니다.

10개씩 묶고, 모양의 수를 세어 ○ 해 보자.

(10 20 30)

(20 30 40)

(30 40 50)

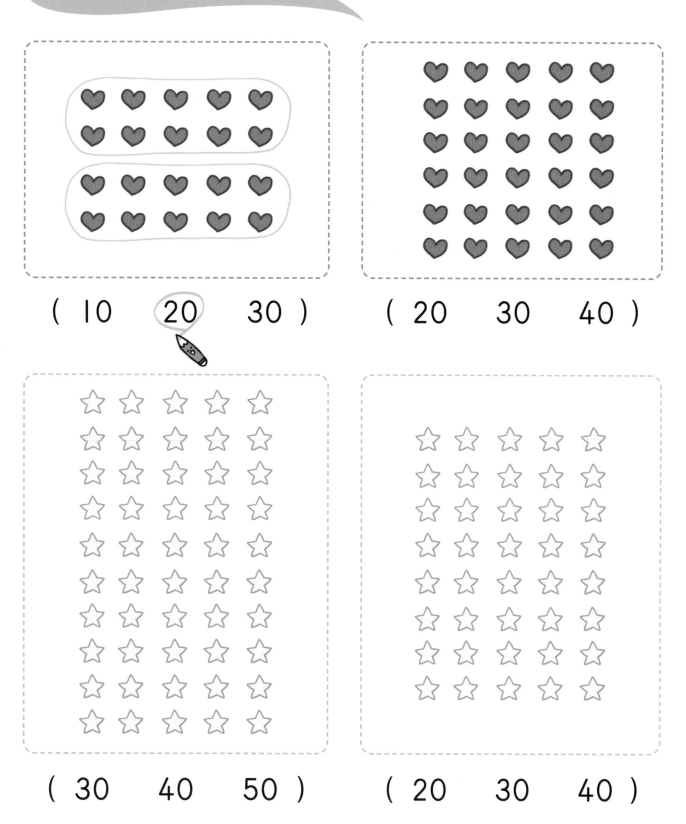

(20 30 40)

알맞게 선으로 이어 볼까?

십 단위부터는 열 개를 한 묶음으로 인지하는 게 좋아요! 열 개씩 한 묶음이면 10, 두 묶음이면 20!

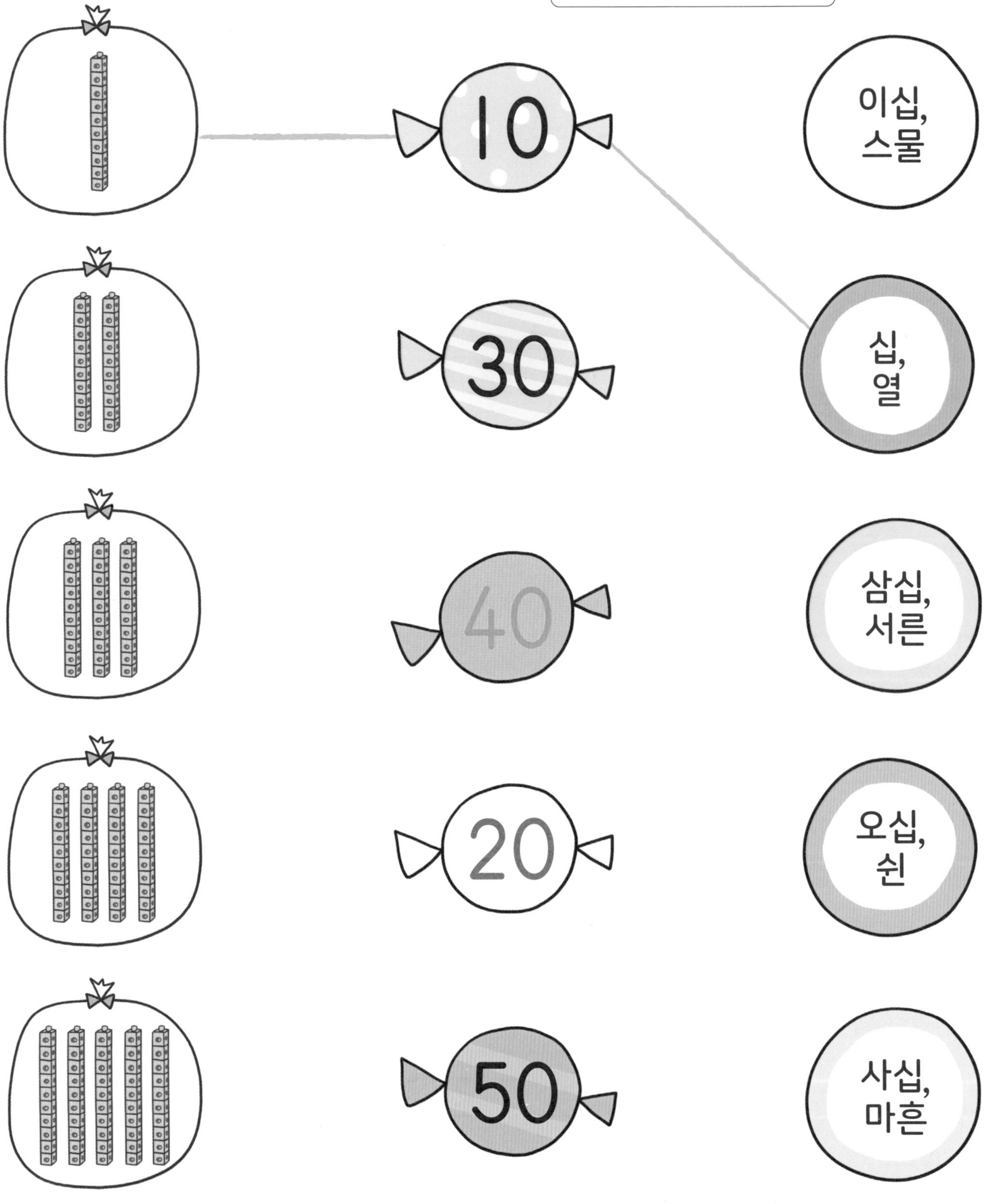

한 상자에 10개씩
들어 있어. 몇 개일까?

우리집 도움말

보이지 않아도 묶어 세기 똑같은 개수로 포장된 과자의 개수를 세어 봅니다. 연령이 높아질수록 눈에 보이지 않아도 똑같은 개수만큼씩 들어 있다는 것을 알 수 있답니다. 10—20—30—40—50! 10씩 묶어서 뛰어 세어 보세요.

10일 20보다 큰 수도 쓸 수 있어요

읽으면서 따라 써 보자.

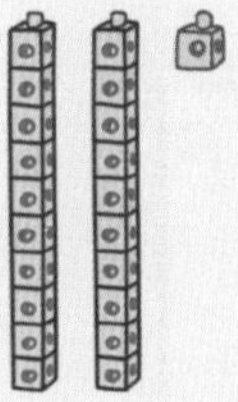

21

이십일, 스물하나

21 21 21

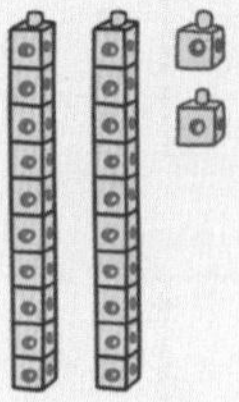

22

이십이, 스물둘

22 22 22

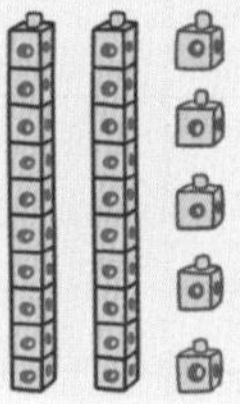

25

이십오, 스물다섯

25 25 25

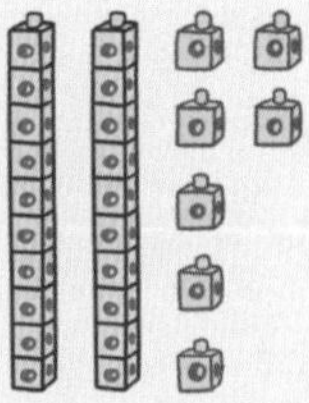

27

이십칠, 스물일곱

27 27 27

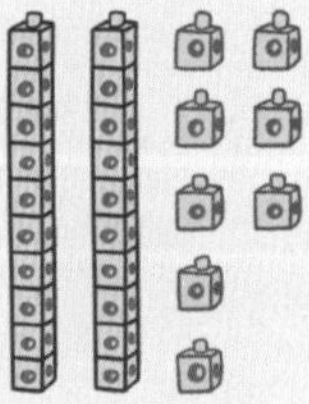

28

이십팔, 스물여덟

28 28 28

빨리 쓰는 것보다 순서에 맞게 쓰는 게 중요해요.
순서를 생각하며 정확히 따라 쓰도록 지도해 주세요.

읽으면서 따라 써 보자.

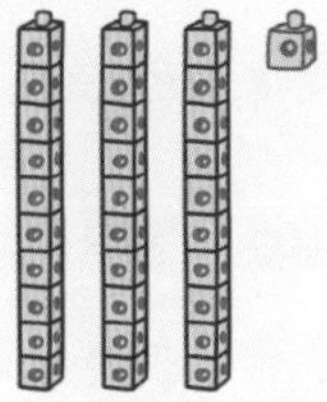

31

삼십일, 서른하나

31 31 31

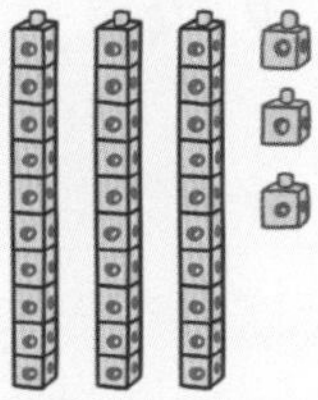

33

삼십삼, 서른셋

33 33 33

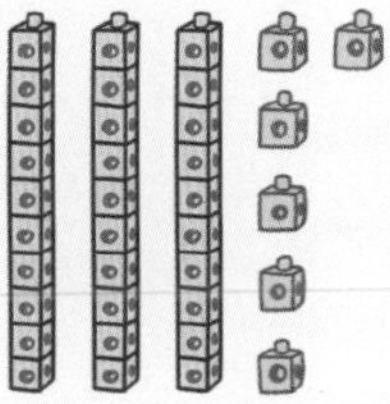

36

삼십육, 서른여섯

36 36 36

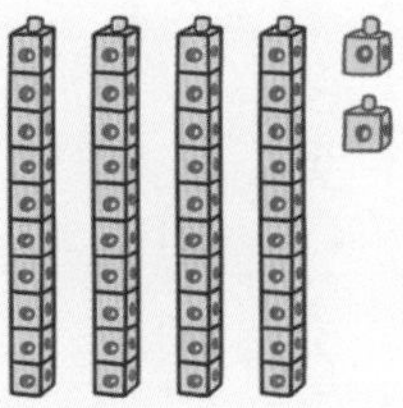

42

사십이, 마흔둘

42 42 42

45

사십오, 마흔다섯

45 45 45

10개씩 묶고, 모양의 수를 세어 ○ 해 보자.

아이에게 다음과 같이 질문해 보세요. "하나씩 세면 틀리기 쉽겠네. 더 빠르고 정확하게 세는 방법은 없을까?"

(20 25 30)

(27 32 37)

(33 38 43)

(33 38 43)

수를 세어 □ 안에 써 보자.

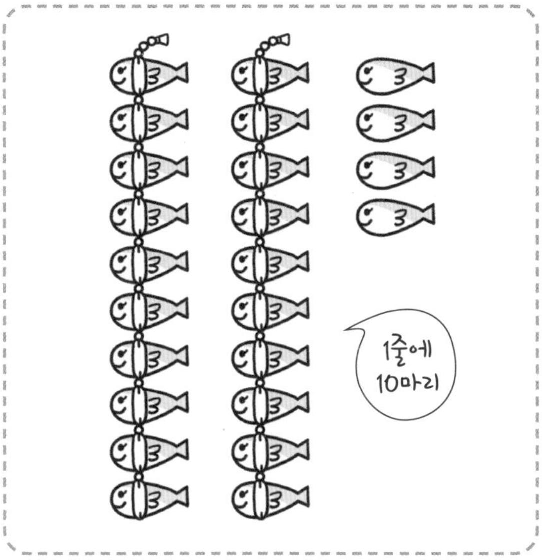

24 마리

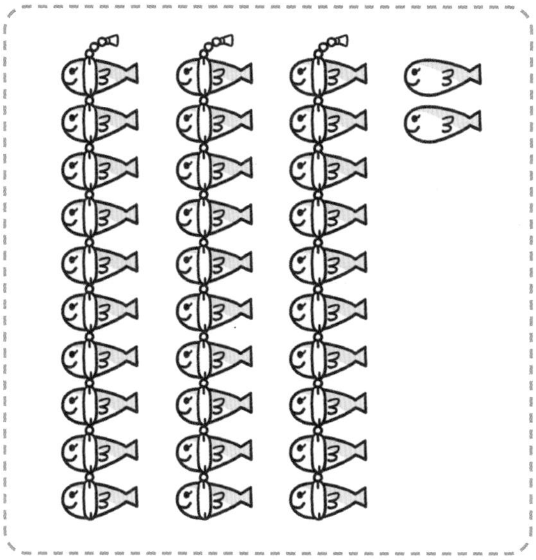

□ 마리

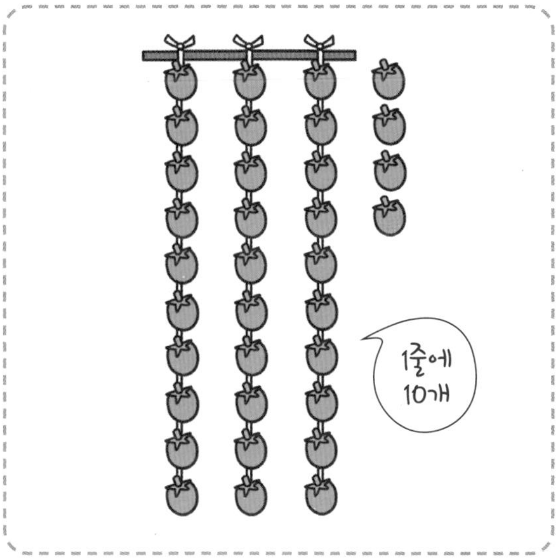

□ 개

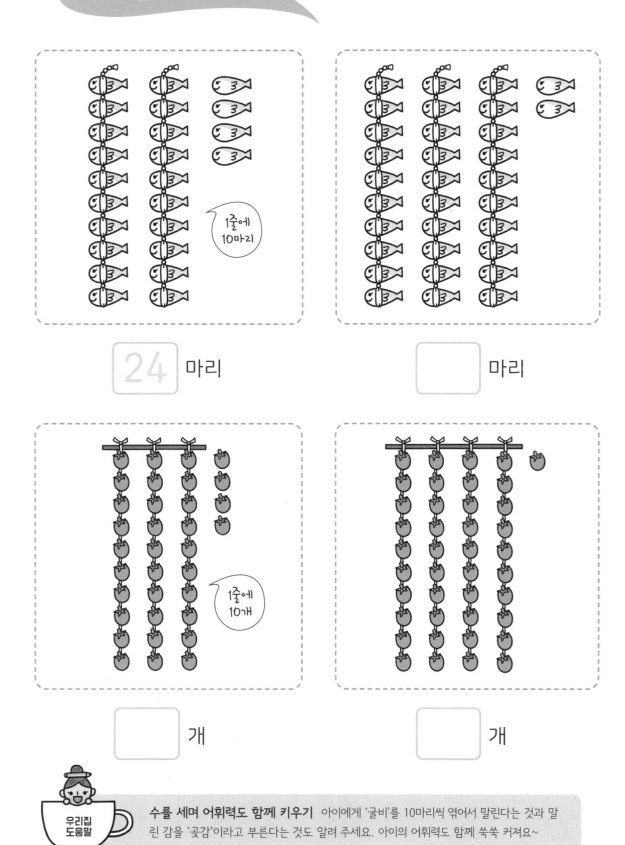

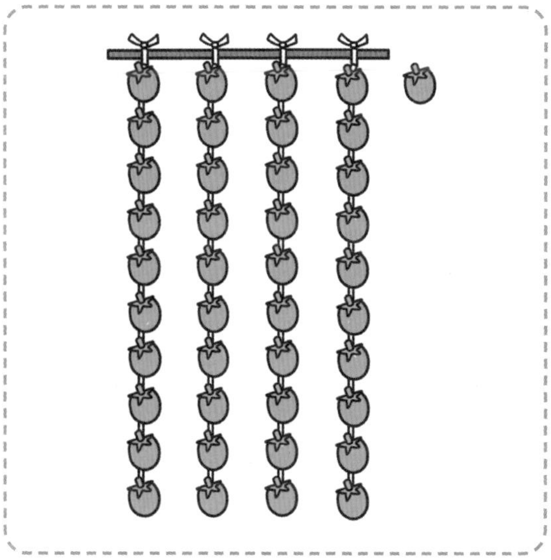

□ 개

우리집 도움말

수를 세며 어휘력도 함께 키우기 아이에게 '굴비'를 10마리씩 엮어서 말린다는 것과 말린 감을 '곶감'이라고 부른다는 것도 알려 주세요. 아이의 어휘력도 함께 쑥쑥 커져요~

11일 21부터 50까지 수의 순서도 알아요

읽으면서 따라 써 보자.

이십일	이십이	이십삼	이십사	이십오	이십육	이십칠	이십팔	이십구	삼십
21	22	23	24	25	26	27	28	29	30

삼십일	삼십이	삼십삼	삼십사	삼십오	삼십육	삼십칠	삼십팔	삼십구	사십
31	32	33	34	35	36	37	38	39	40

사십일	사십이	사십삼	사십사	사십오	사십육	사십칠	사십팔	사십구	오십
41	42	43	44	45	46	47	48	49	50

빈칸에 들어갈 수에 ○ 해 보자.

(25　　29　　31)

(26　　30　　33)

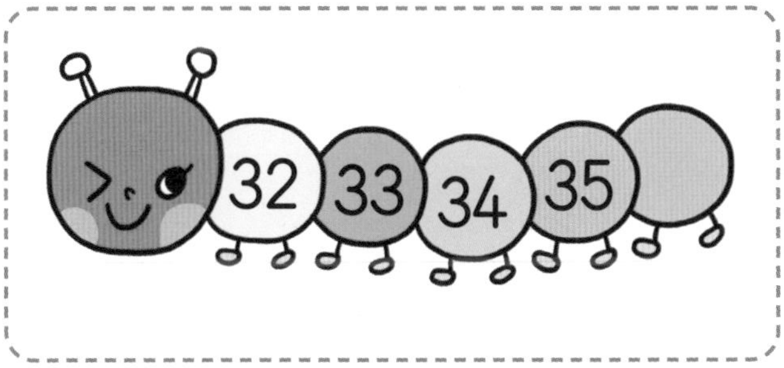

(36　　37　　38)

(31　　37　　41)

(39　　40　　42)

(43　　45　　48)

□ 안에 알맞은 수를 써 보자.

21 22 □ 24

24 25 □ 27

27 28 □ 30

31 □ 33 34

32 □ 34 35

36 37 □ 39

42 43 □ 45

47 □ 49 50

31부터 50까지의 수를
순서대로 이어 보자.

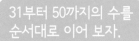

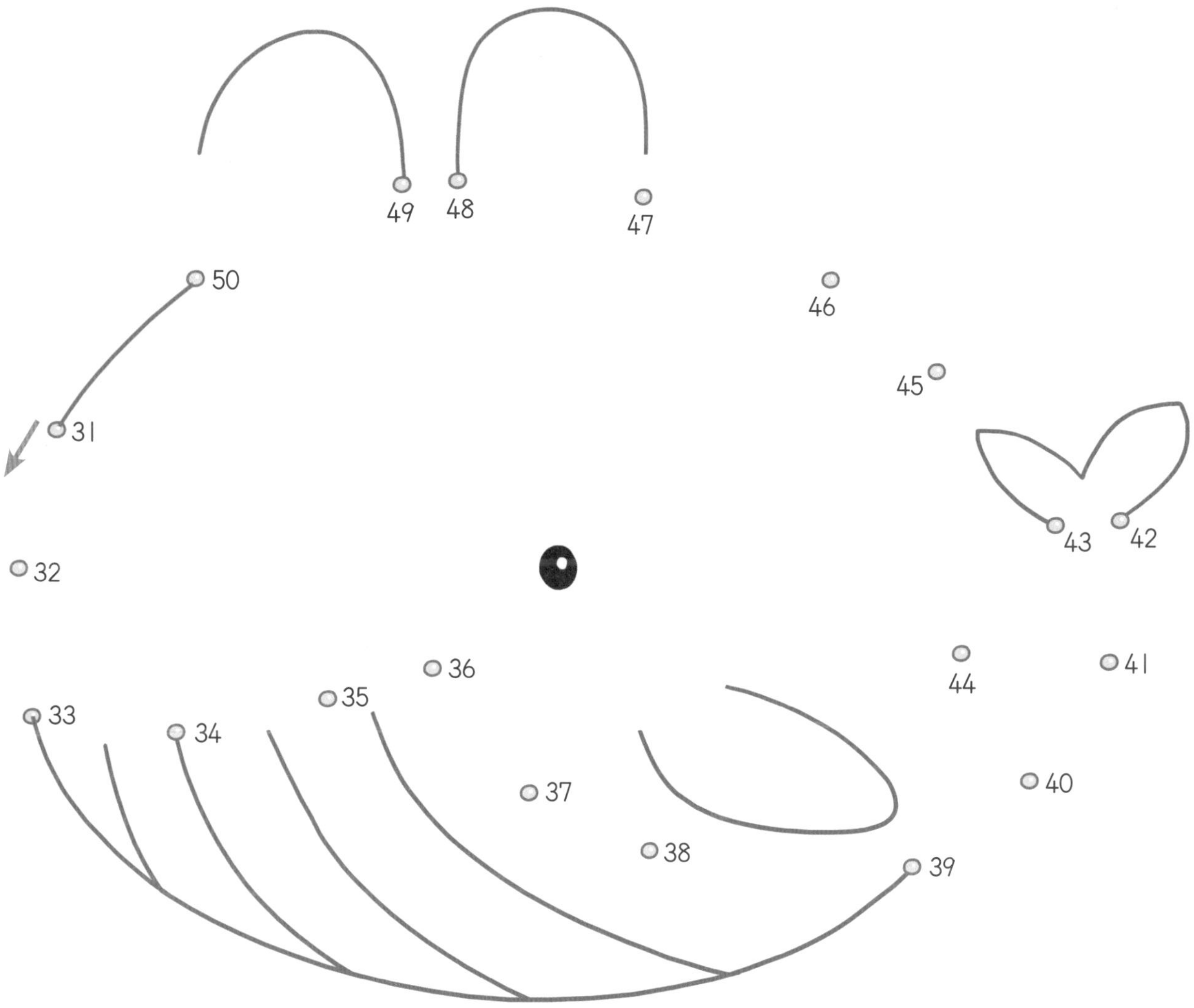

12일 1 큰 수와 1 작은 수를 찾아 써요

11보다 1 큰 수는 12

16보다 1 큰 수는 17

11	12	13	14	15	16	17	18	19	20

11보다 1 큰 수는 11 다음 수라고 알려 주세요.
1 큰 수와 1 작은 수는 1학년 때 배우는 말이에요.

1 큰 수를 써 보자.

11 —1큰수→ 12

11보다 한 개 많으면?

13 —1큰수→ 14

13 다음 수는?

15 —1큰수→ ☐

17 —1큰수→ ☐

14 —1큰수→ ☐

16 —1큰수→ ☐

18 —1큰수→ ☐

19 —1큰수→ ☐

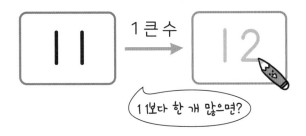

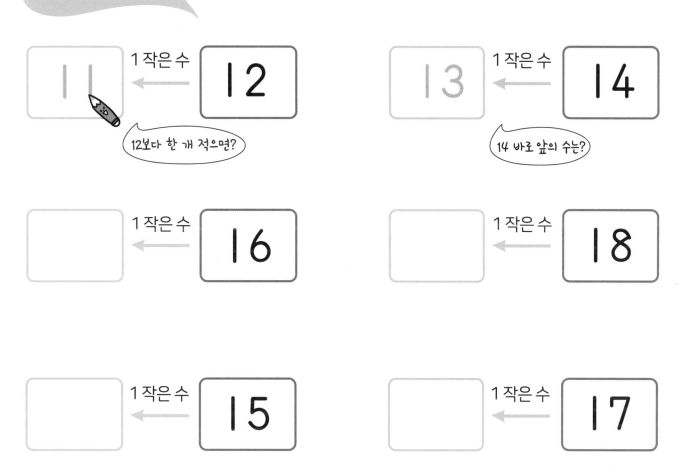

12보다 1 작은 수는 11

17보다 1 작은 수는 16

11	12	13	14	15	16	17	18	19	20

1 작은 수를 써 보자.

11 ← 1 작은 수 ← 12

12보다 한 개 적으면?

13 ← 1 작은 수 ← 14

14 바로 앞의 수는?

☐ ← 1 작은 수 ← 16

☐ ← 1 작은 수 ← 18

☐ ← 1 작은 수 ← 15

☐ ← 1 작은 수 ← 17

☐ ← 1 작은 수 ← 19

☐ ← 1 작은 수 ← 20

신호등에 쓰인 수보다
1 큰 수와 1 작은 수를 써 보자.

1 작은 수 12 — 13 — 14 1 큰 수

1 작은 수 ☐ — 16 — ☐ 1 큰 수

1 작은 수 ☐ — 24 — ☐ 1 큰 수

1 작은 수 ☐ — 28 — ☐ 1 큰 수

1 작은 수 ☐ — 32 — ☐ 1 큰 수

1 작은 수 ☐ — 35 — ☐ 1 큰 수

1 작은 수 ☐ — 44 — ☐ 1 큰 수

1 작은 수 ☐ — 47 — ☐ 1 큰 수

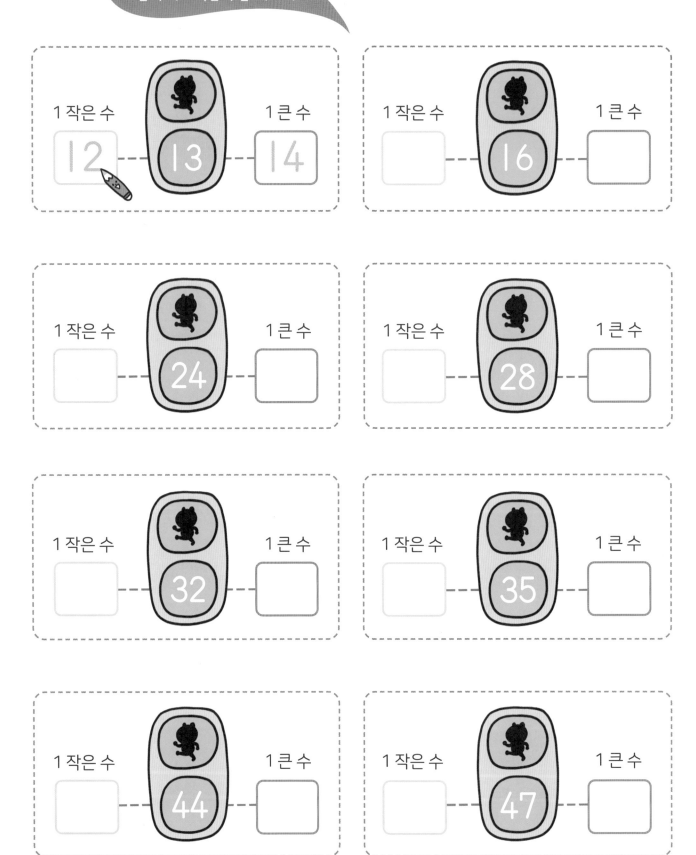

수 감각 놀이!

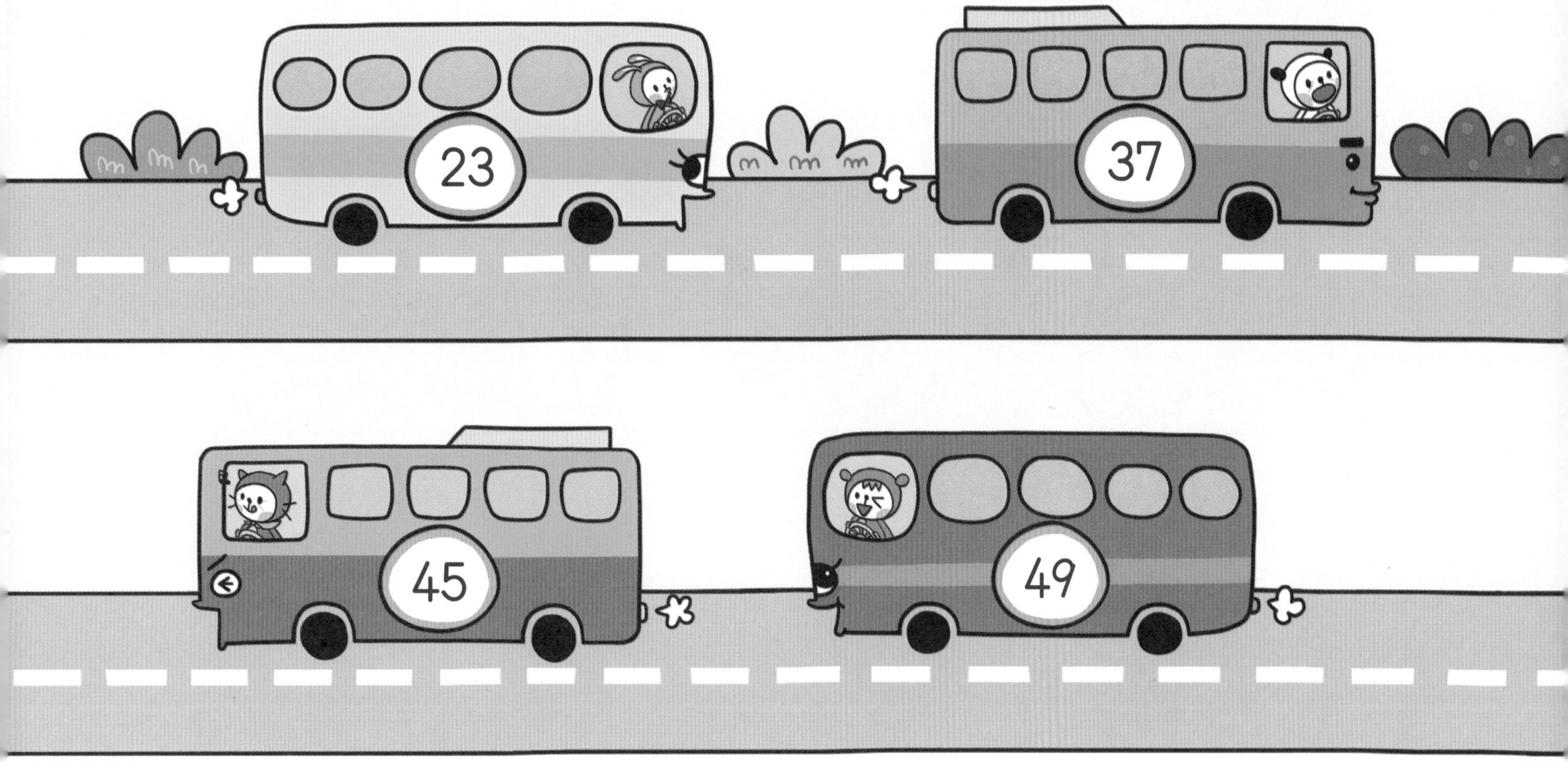

버스에 쓰인 수보다 1 큰 수와 1 작은 수를 써 보자.

우리집 도움말

버스에는 노선 번호가 있어요. 버스를 보면 아이와 함께 번호를 읽어 보세요. 번호를 읽고 1 큰 수, 1 작은 수를 물어보면 수 감각을 키우는 데 도움이 돼요.

13일 어떤 수가 더 클까요?

더 큰 수에 입을 벌려 볼까?

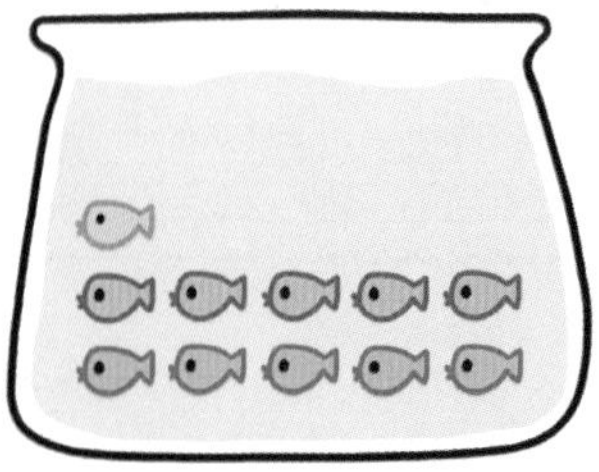 11  12 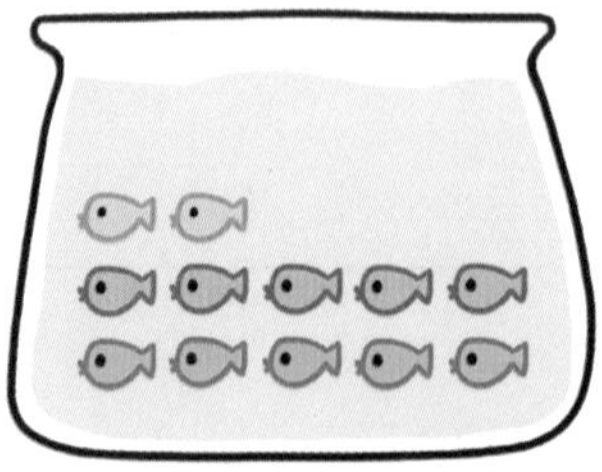

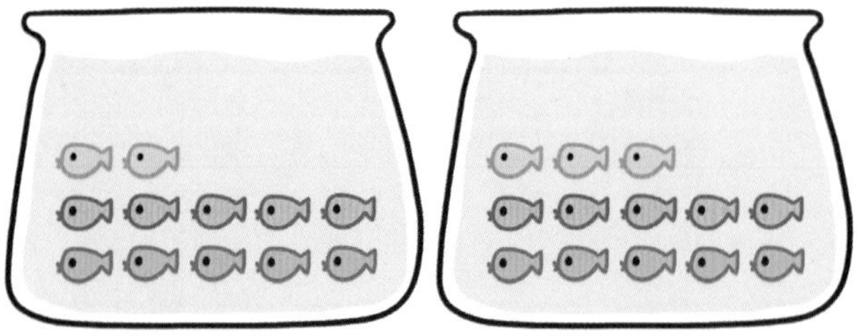

12 (<) 13

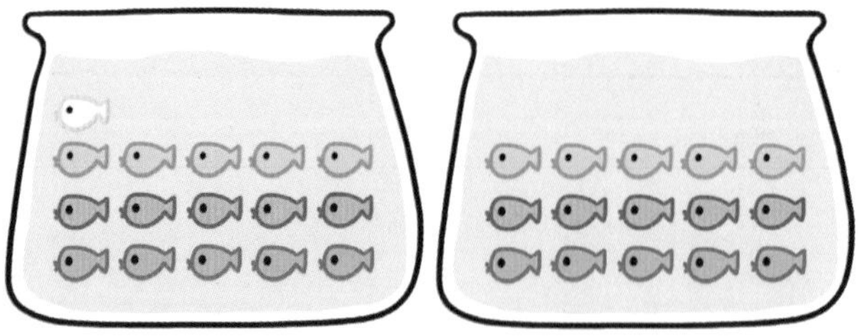

16 (　) 15

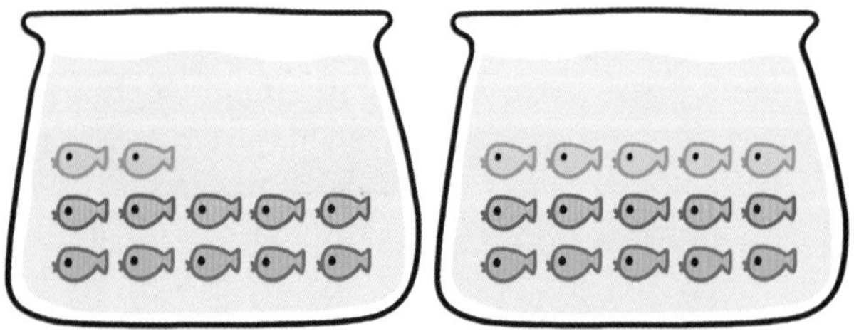

12 (　) 15

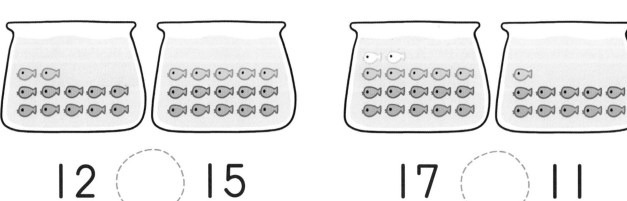

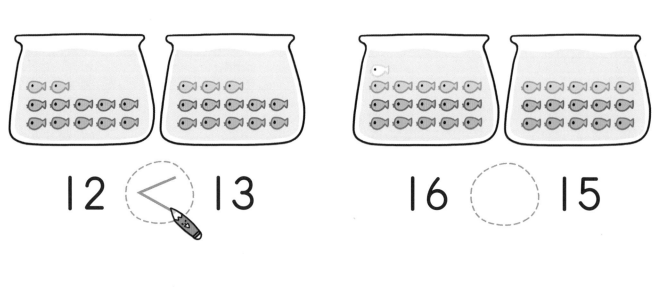

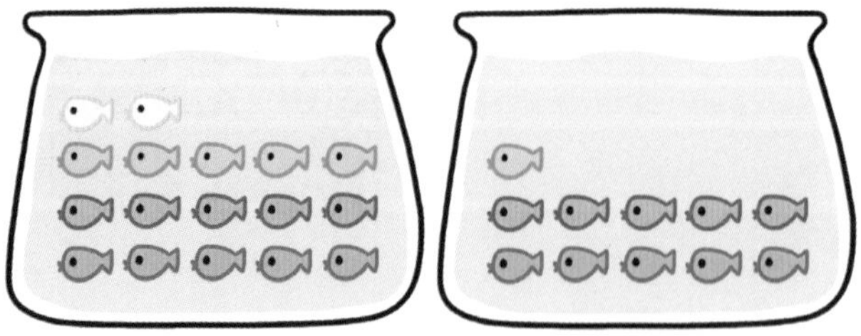

17 (　) 11

◯ 안에 >, <를 써 보자.

11 (<) 14	18 (>) 15
10 ◯ 20	19 ◯ 21
30 ◯ 20	26 ◯ 29
40 ◯ 30	35 ◯ 33
38 ◯ 42	43 ◯ 47

○안에 >, <를 써 보자.

 더 큰 수 쪽으로 입을 벌려 봐~

15 < 17

19 > 11

32 ○ 37

33 ○ 26

48 ○ 44

49 ○ 50

수를 다시 한 번 써 보자.

사십일 41　사십이　사십삼 43　사십사　사십오 45　사십육　사십칠 47　사십팔　사십구 49　오십 50

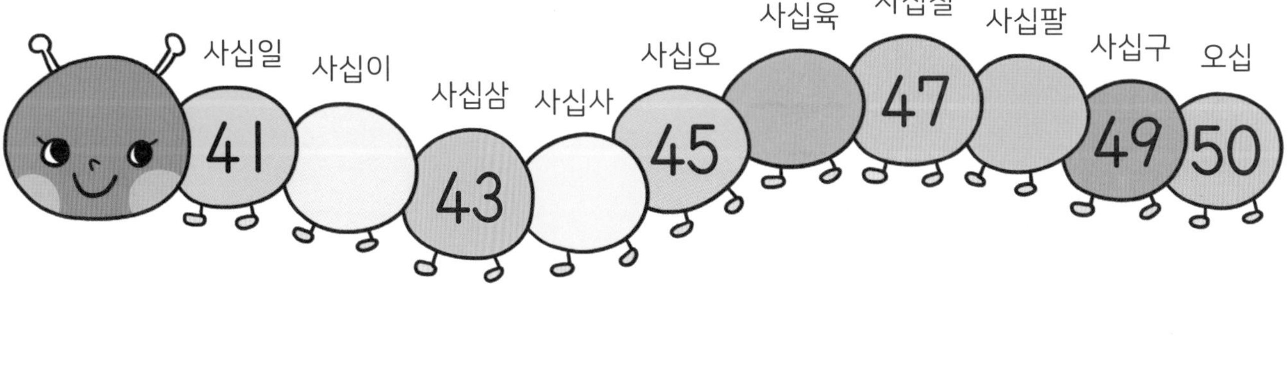

나이를 쓰고, 나이가 더 많은 사람 쪽에 >, <를 넣어 보자.

우리집 도움말

나이를 셀 때는 '일곱 살, 열한 살…'처럼 우리말 수 세기를 이용합니다. 우리 가족의 나이도 함께 이야기해 보고, 누구 나이가 더 많은지 비교해 보세요. 가족의 나이를 알 수 있어 좋아요.

14일 50까지의 수, 섞어서 연습해 봐요

빈칸에 알맞은 수를 써 보자.

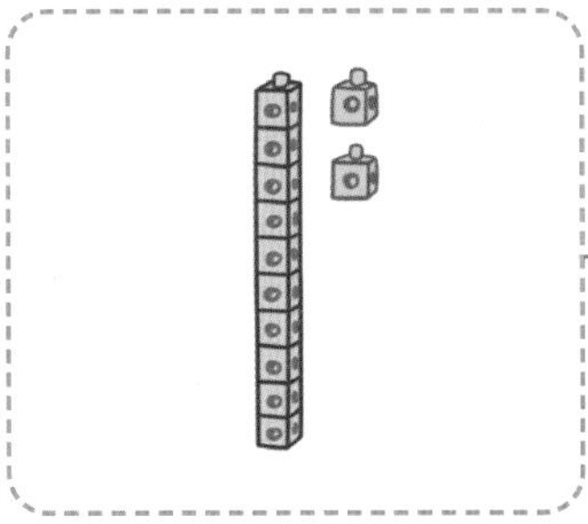

12

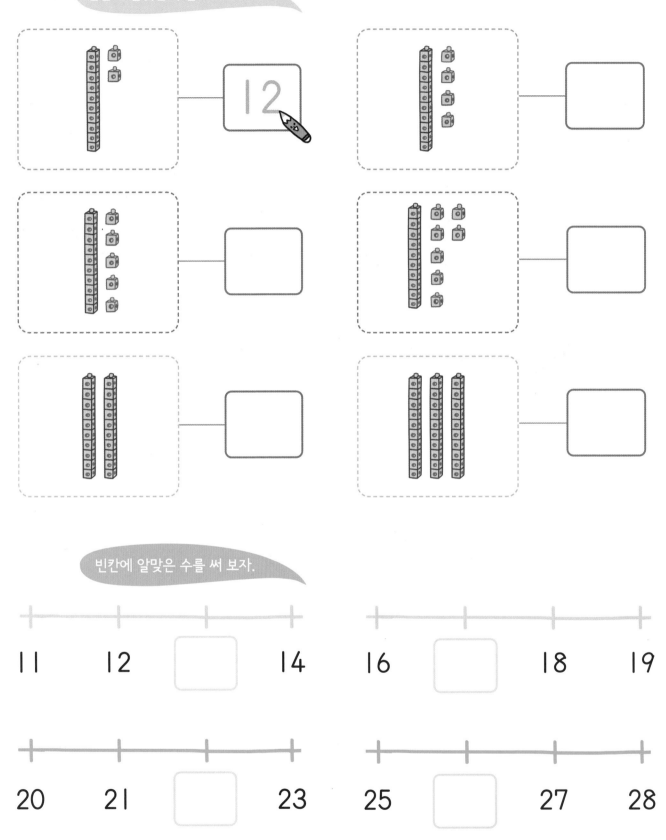

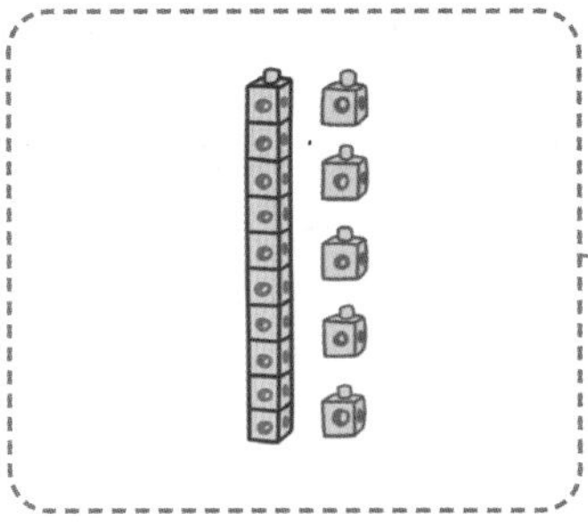

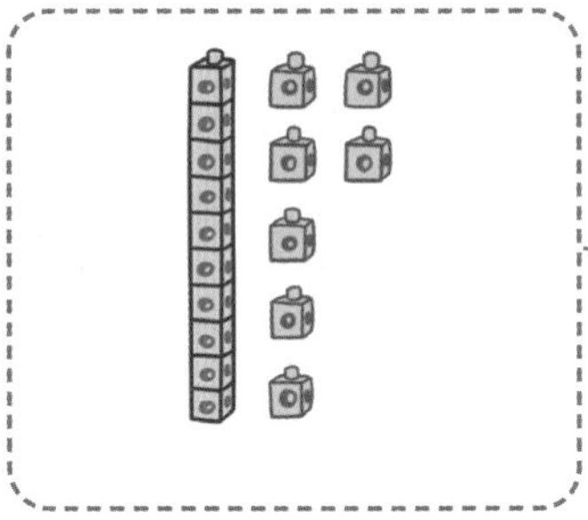

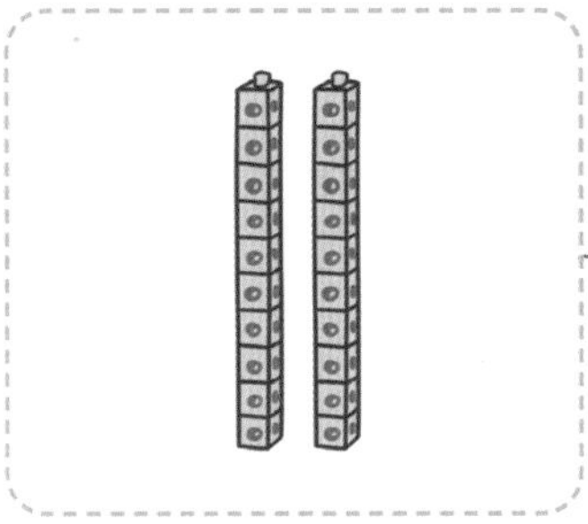

빈칸에 알맞은 수를 써 보자.

11　12　☐　14

16　☐　18　19

20　21　☐　23

25　☐　27　28

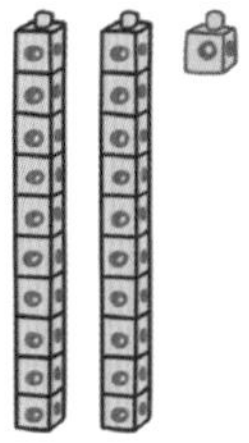

21

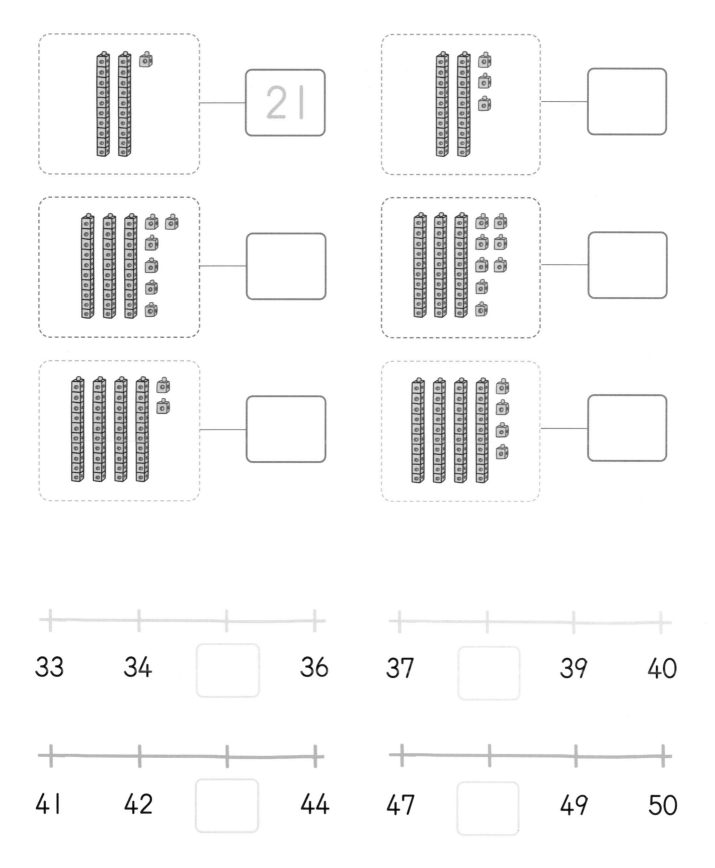

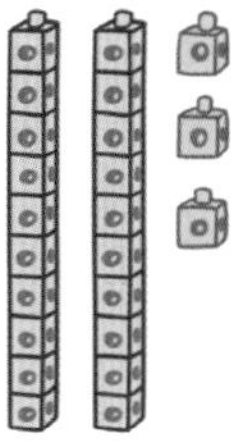

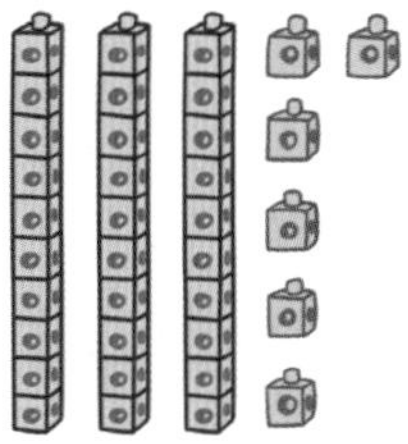

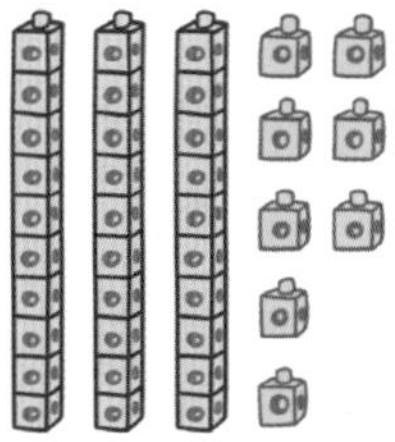

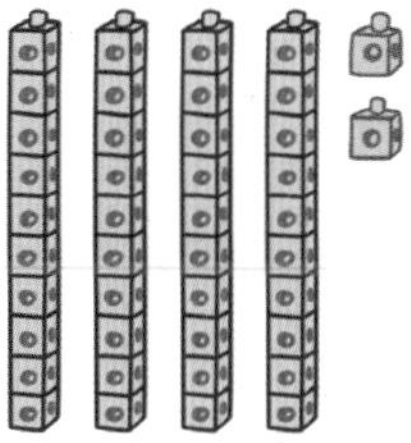

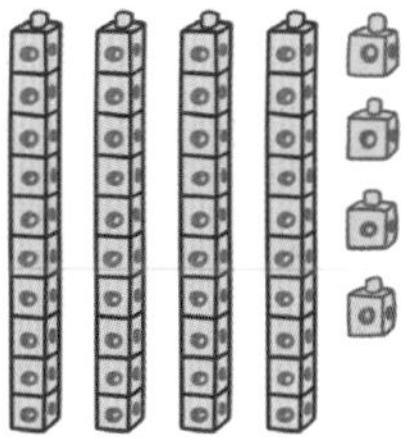

33 34 36

37 39 40

41 42 44

47 49 50

비어 있는 물방울에 수를 써 보자.
1
2
3
5
6
7
8
구
10
십일
12
14
15
17
18
19
20
21
23
24
이십오
26
27
28
29
30
31
32
삼십삼
34
36
37
39
40
41
42
43
44
45
46
48
사십구
50

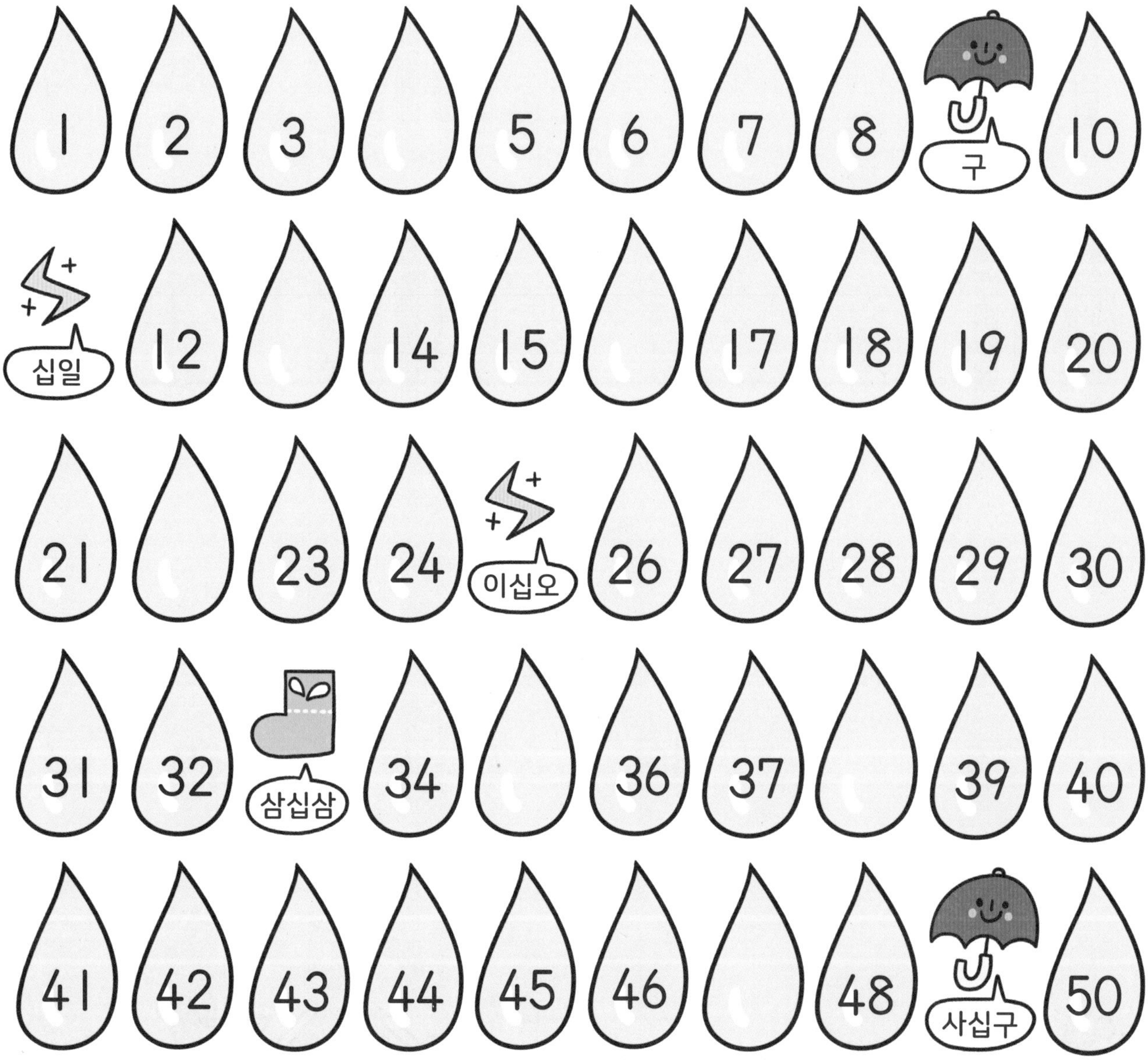

100까지의 수, 벌써 알아요!

초등학교 1학년 2학기 때는 100까지의 수를 배웁니다. 연산을 가르치기 전, 100까지의 수를 먼저 익숙하게 읽고 쓰도록 지도해 주세요.
수 세기, 수의 크기 비교, 수의 순서 등을 알게 되면 연산은 자연스럽게 따라옵니다!

동전으로 연습하면 좋아요!

실생활에서 자주 접하는 돈으로 수를 익히면 큰 수도 어렵지 않게 받아들일 수 있어요. 10원짜리 동전이 10개면 100원이 되지요. 동전을 준비해 두세요! 1원짜리 동전도 있으면 좋지만 구하기 어려우니, 두꺼운 종이로 모형을 만들어 사용하면 좋아요.

15일 60, 70, 80, 90, 100을 배워요

읽으면서 따라 써 보자.

60

육십, 예순

60 60 60

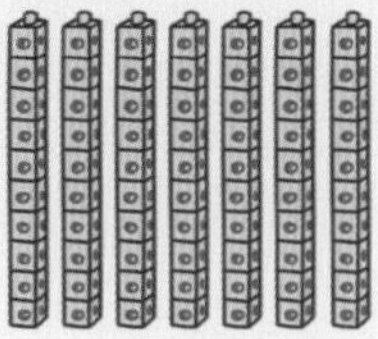

70

칠십, 일흔

70 70 70

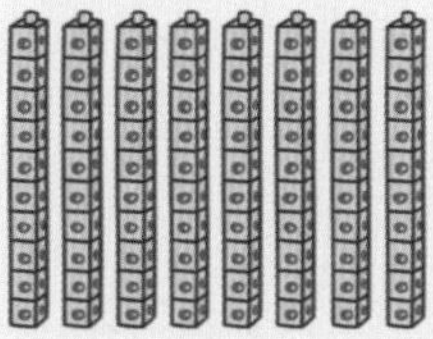

80

팔십, 여든

80 80 80

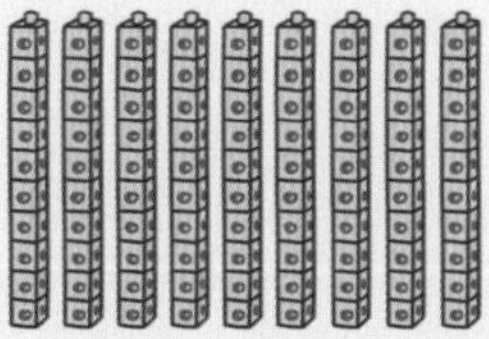

90

구십, 아흔

90 90 90

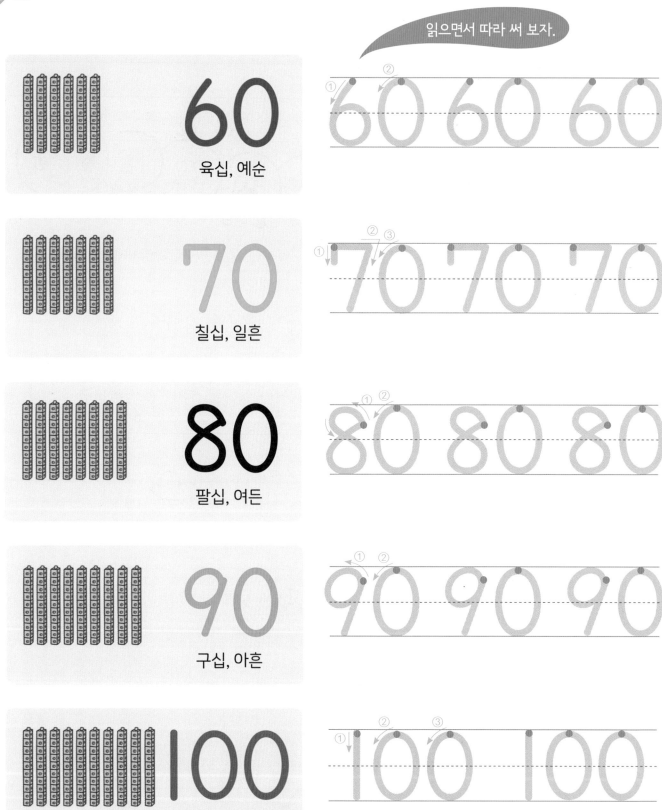

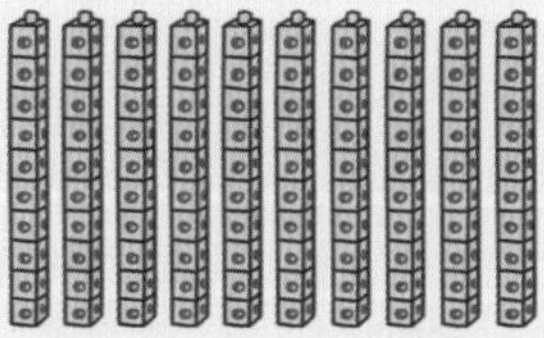

100

백

100 100

한 박스에 도넛이 10개씩 들어
있어. 도넛의 수에 ○ 해 보자.

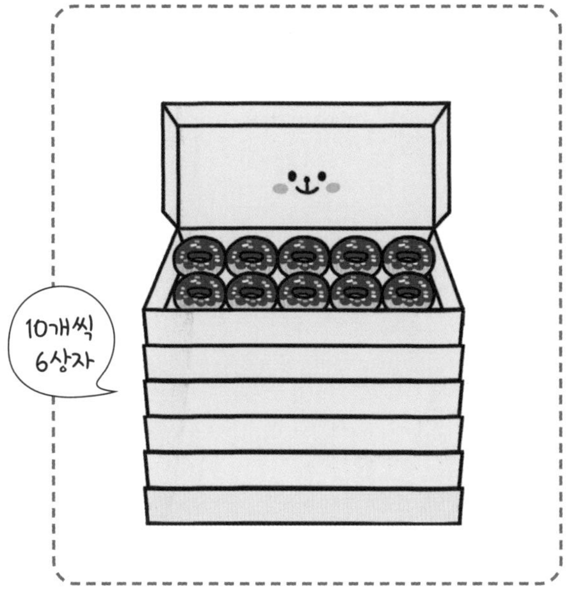

(50　　60　　70)

(70　　80　　90)

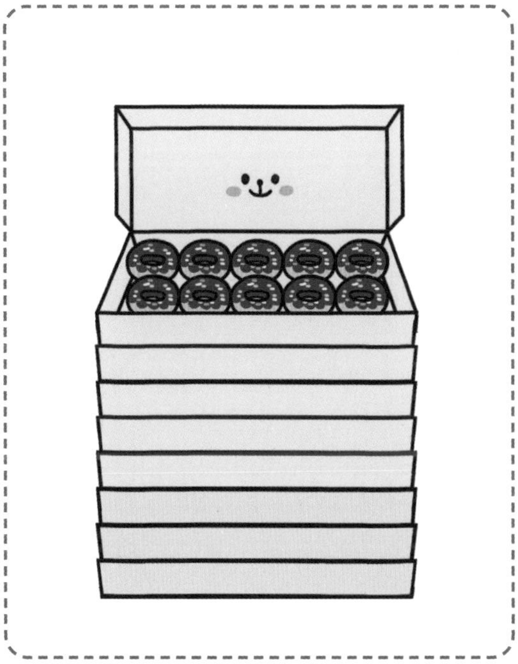

(60　　70　　80)

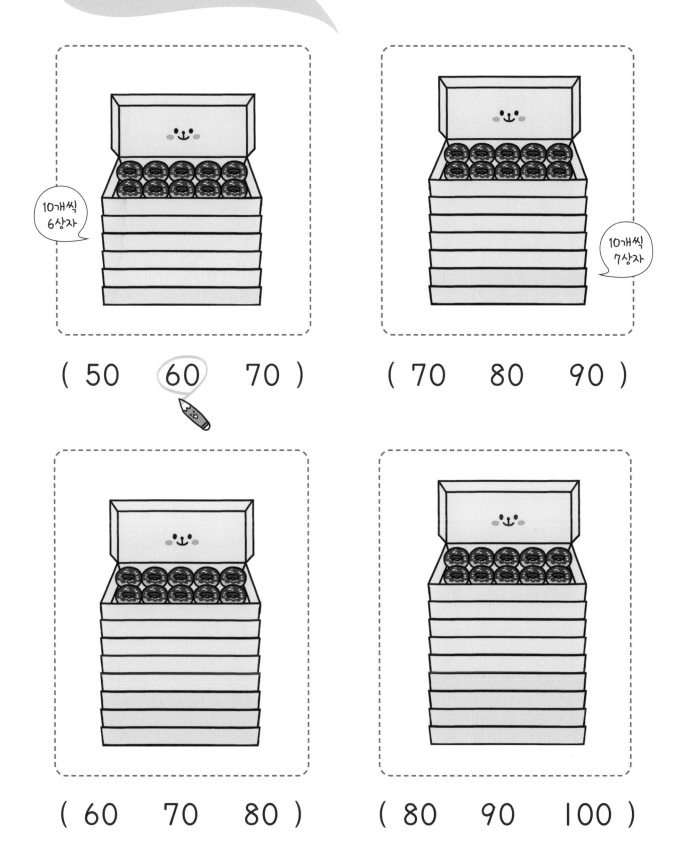

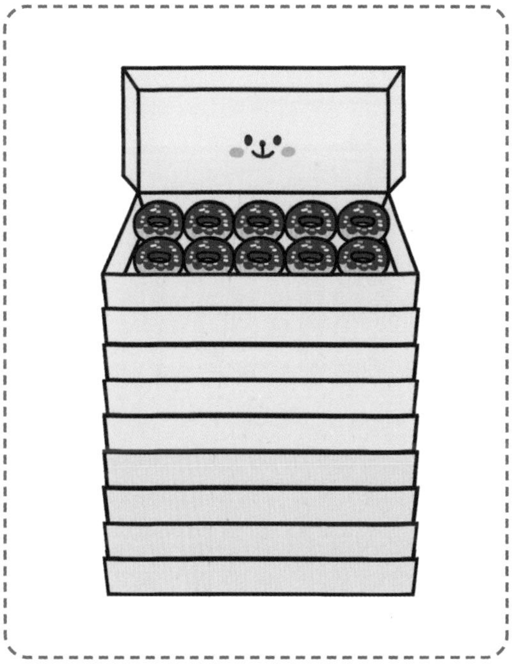

(80　　90　　100)

알맞게 선으로 이어 볼까?

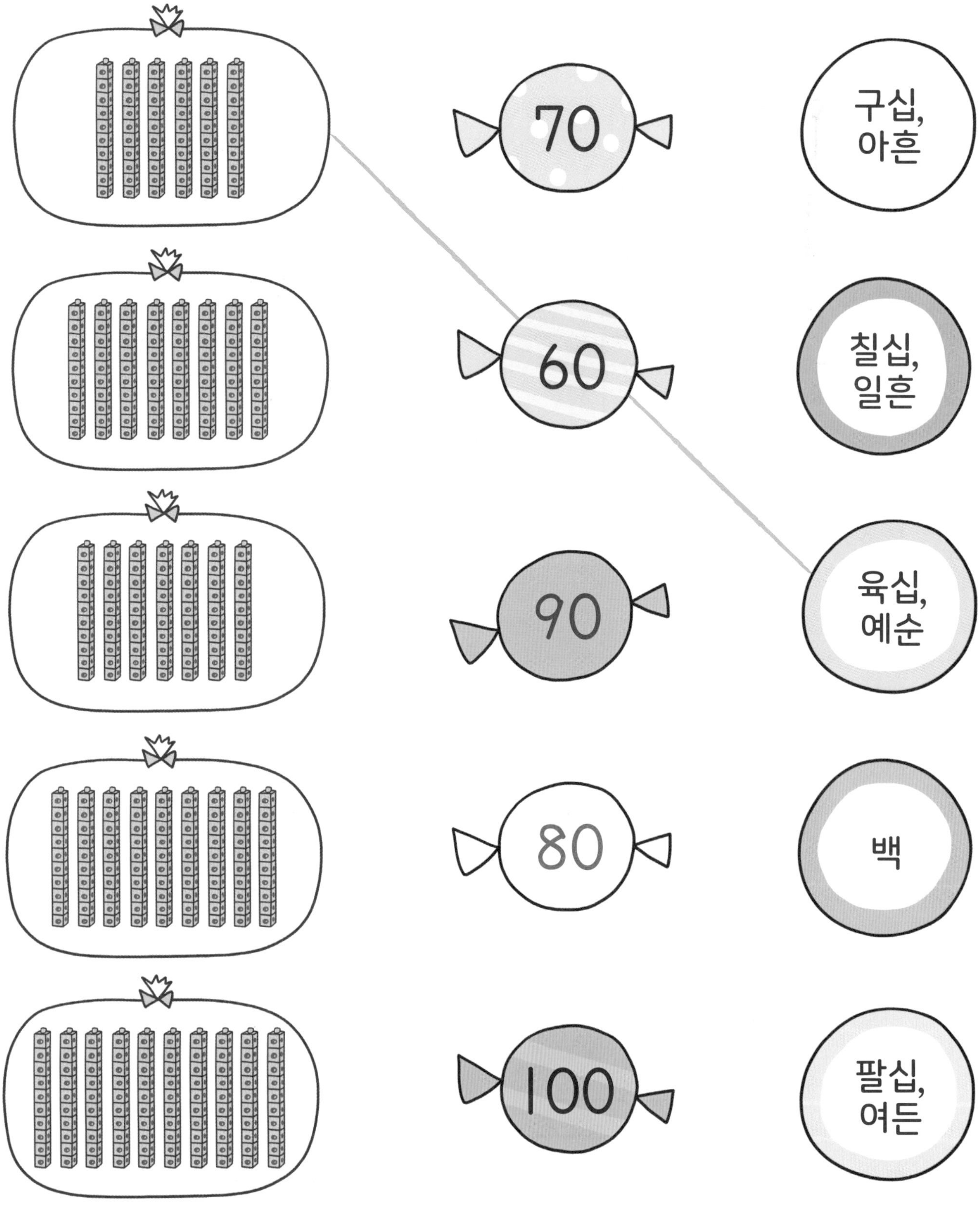

지갑에 들어 있는 돈은 얼마일까?

☐ 원

☐ 원

☐ 원

☐ 원

우리집 도움말

10원짜리 동전을 10개 준비한 다음, 수를 말하면 아이가 동전으로 맞추는 게임을 해 보세요.
실생활에서 자주 사용하는 동전을 이용하면 수 감각을 쉽게 키워 줄 수 있어요.
10—20—30—40—50—60—70—80—90—100! 10씩 뛰어 세는 놀이도 같이 하면 좋아요!

16일 50보다 큰 수를 배워요

읽으면서 따라 써 보자.

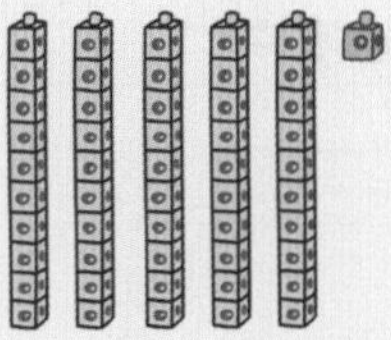

51

오십일, 쉰하나

51 51 51

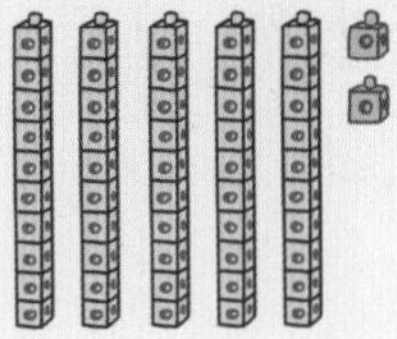

52

오십이, 쉰둘

52 52 52

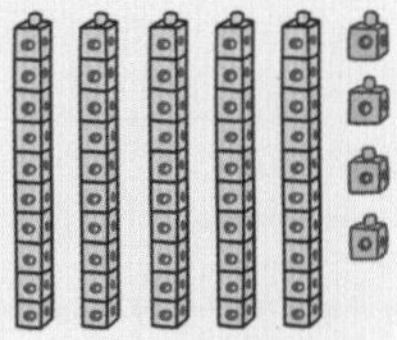

54

오십사, 쉰넷

54 54 54

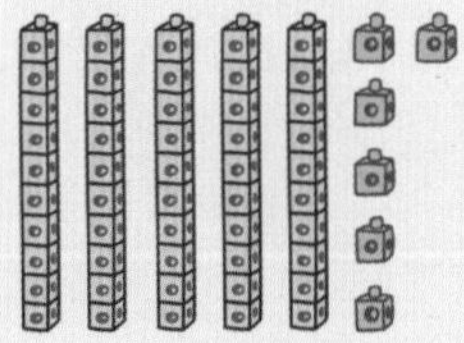

56

오십육, 쉰여섯

56 56 56

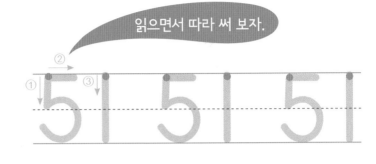

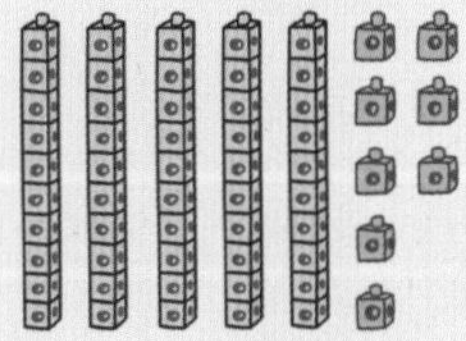

58

오십팔, 쉰여덟

58 58 58

63은 '육십삼, 예순셋' 두 가지로 읽습니다. 만약 아이가 두 가지로 읽는 것을 어려워한다면, 앞에 나온 '육십삼'으로만 읽어도 괜찮습니다.

읽으면서 따라 써 보자.

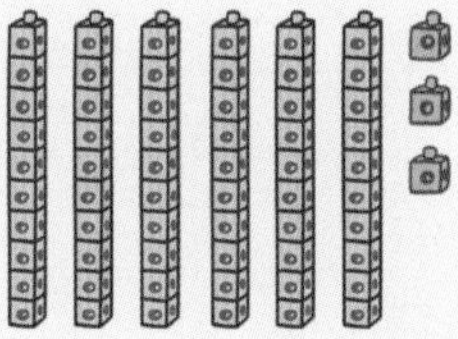

63

육십삼, 예순셋

63 63 63

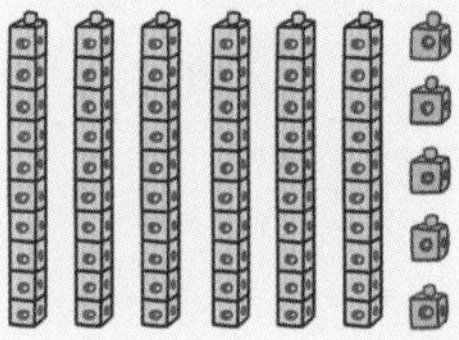

65

육십오, 예순다섯

65 65 65

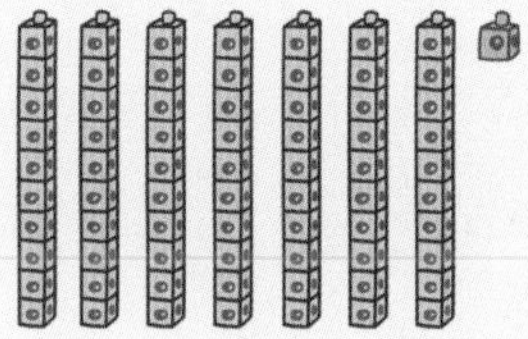

71

칠십일, 일흔하나

71 71 71

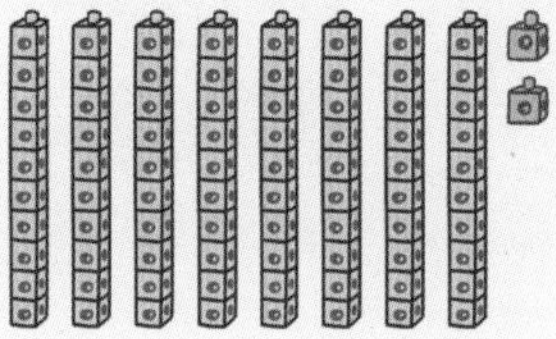

82

팔십이, 여든둘

82 82 82

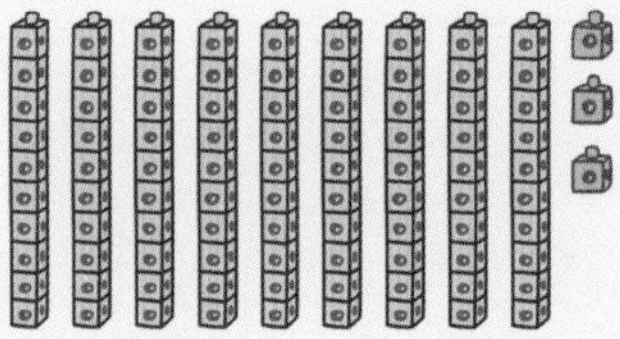

93

구십삼, 아흔셋

93 93 93

한 박스에 도넛이 10개씩 들어
있어. 도넛의 수에 ◯ 해 보자.

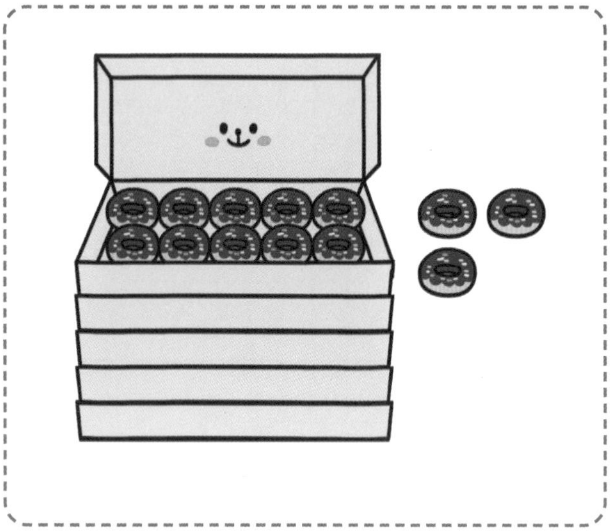

(53 63 73)

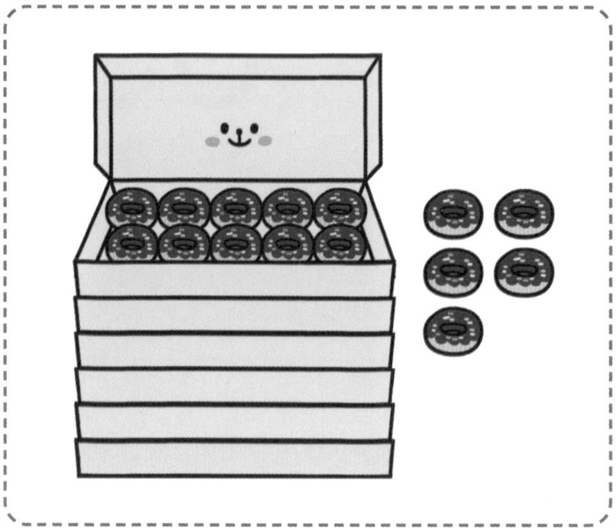

(63 64 65)

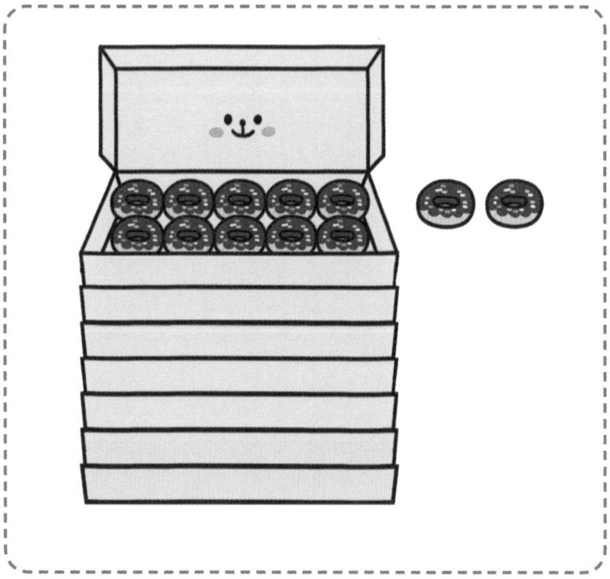

(62 72 82)

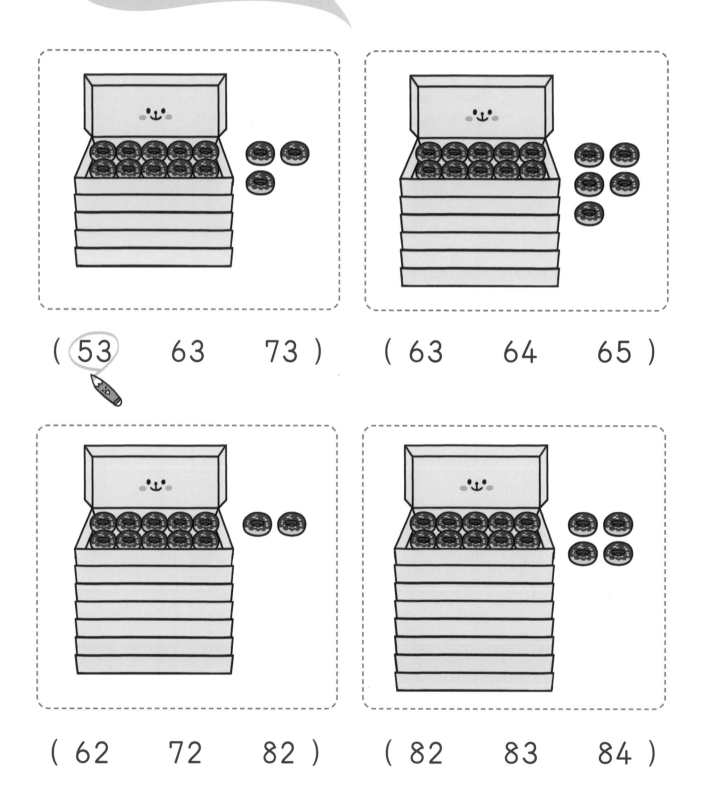

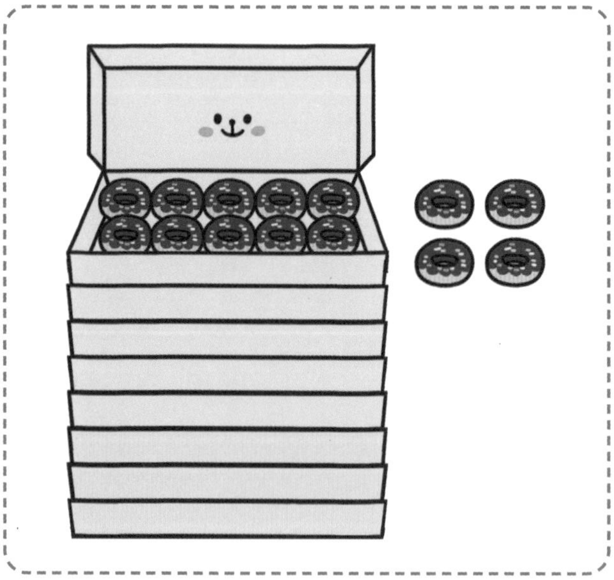

(82 83 84)

저금통에 들어 있는 돈은 얼마일까?

□ 원 □ 원

□ 원 □ 원

우리집 도움말

이번에는 10원짜리 동전과 1원짜리 동전으로 수 놀이를 해 보세요. 1원짜리 동전은 찾기 쉽지 않으니, 두꺼운 종이로 모형 동전을 만들어 사용하면 좋아요.

17일 100까지의 수, 순서대로 읽고 써 봐요

읽으면서 따라 써 보자.

오십일	오십이	오십삼	오십사	오십오	오십육	오십칠	오십팔	오십구	육십
51	52	53	54	55	56	57	58	59	60

육십일	육십이	육십삼	육십사	육십오	육십육	육십칠	육십팔	육십구	칠십
61	62	63	64	65	66	67	68	69	70

칠십일	칠십이	칠십삼	칠십사	칠십오	칠십육	칠십칠	칠십팔	칠십구	팔십
71	72	73	74	75	76	77	78	79	80

팔십일	팔십이	팔십삼	팔십사	팔십오	팔십육	팔십칠	팔십팔	팔십구	구십
81	82	83	84	85	86	87	88	89	90

구십일	구십이	구십삼	구십사	구십오	구십육	구십칠	구십팔	구십구	백
91	92	93	94	95	96	97	98	99	100

거꾸로도 써 보자.

수를 순서대로 세는 연습이 자연스러워지면 거꾸로 세게 해 보세요. 습관적으로 수를 세는 것이 아니라 수의 순서를 확실하게 인지했는지 알 수 있어요.

백	구십구	구십팔	구십칠	구십육	구십오	구십사	구십삼	구십이	구십일
100	99				95				91

구십	팔십구	팔십팔	팔십칠	팔십육	팔십오	팔십사	팔십삼	팔십이	팔십일
90					85				81

□ 안에 알맞은 수를 써 보자.

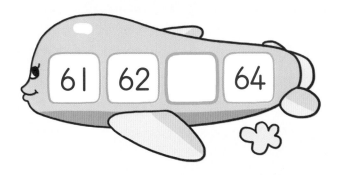

51 52 □ 54

55 56 □ 58

61 62 □ 64

65 66 □ 68

70 □ 72 73

75 □ 77 78

80 □ 82 83

95 □ 97 98

수 감각 놀이!

51부터 80까지의 수를
순서대로 이어 보자.

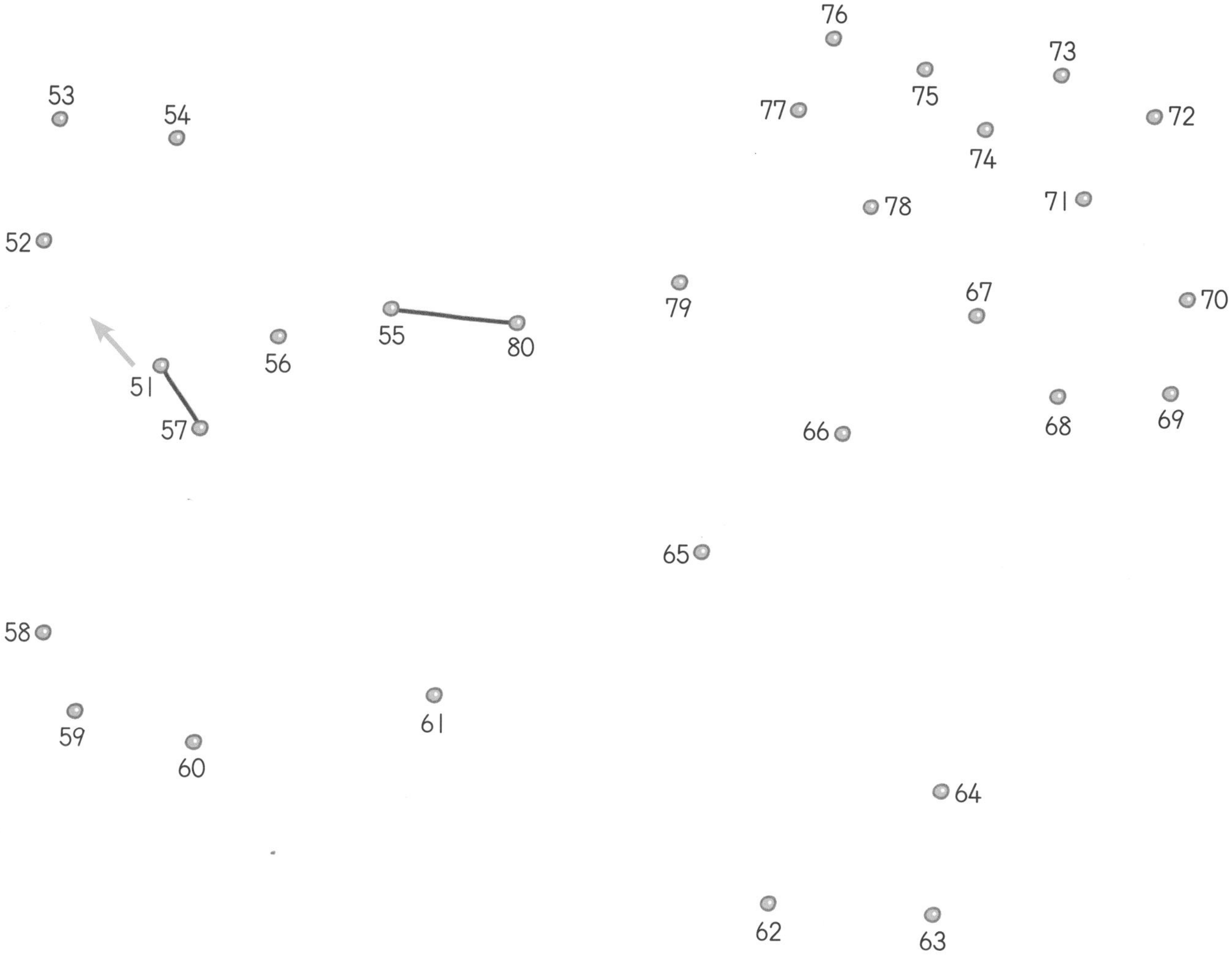

18일 1 큰 수와 1 작은 수를 찾을 수 있어요

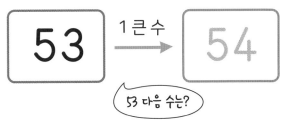

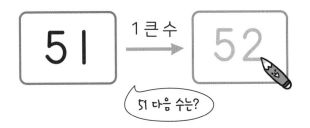

51보다 1 큰 수는 52

56보다 1 큰 수는 57

51	52	53	54	55	56	57	58	59	60

1 큰 수를 써 보자.

51 —1큰수→ 52 (51 다음 수는?)

53 —1큰수→ 54 (53 다음 수는?)

55 —1큰수→ ☐

57 —1큰수→ ☐

54 —1큰수→ ☐

56 —1큰수→ ☐

58 —1큰수→ ☐

59 —1큰수→ ☐

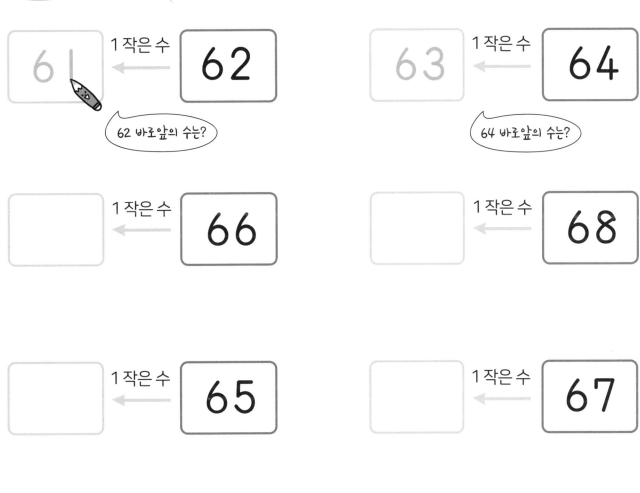

62보다 1 작은 수는 61
67보다 1 작은 수는 66
61 62 63 64 65 66 67 68 69 70

1 작은 수를 써 보자.

61 ← 1 작은 수 ← 62

62 바로앞의 수는?

63 ← 1 작은 수 ← 64

64 바로앞의 수는?

☐ ← 1 작은 수 ← 66

☐ ← 1 작은 수 ← 68

☐ ← 1 작은 수 ← 65

☐ ← 1 작은 수 ← 67

☐ ← 1 작은 수 ← 69

☐ ← 1 작은 수 ← 70

버스에 쓰인 수보다
1 큰 수와 1 작은 수를 써 보자.

1 작은 수		1 큰 수
51	52	53

1 작은 수		1 큰 수
	55	

1 작은 수		1 큰 수
	66	

1 작은 수		1 큰 수
	68	

1 작은 수		1 큰 수
	73	

1 작은 수		1 큰 수
	76	

1 작은 수		1 큰 수
	83	

1 작은 수		1 큰 수
	95	

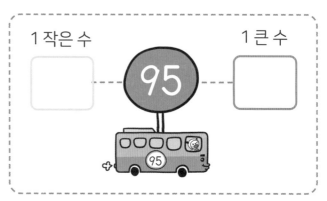

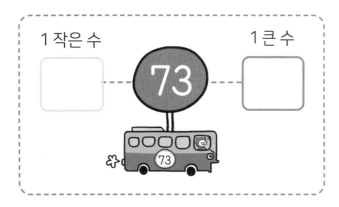

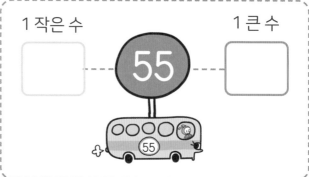

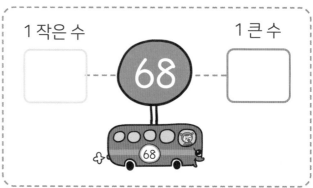

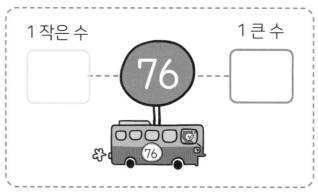

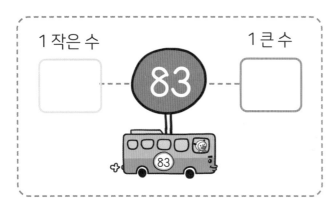

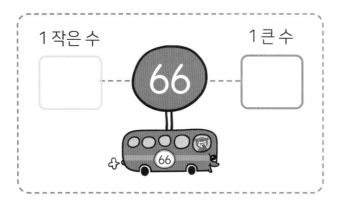

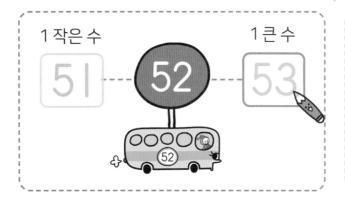

수 감각 놀이!

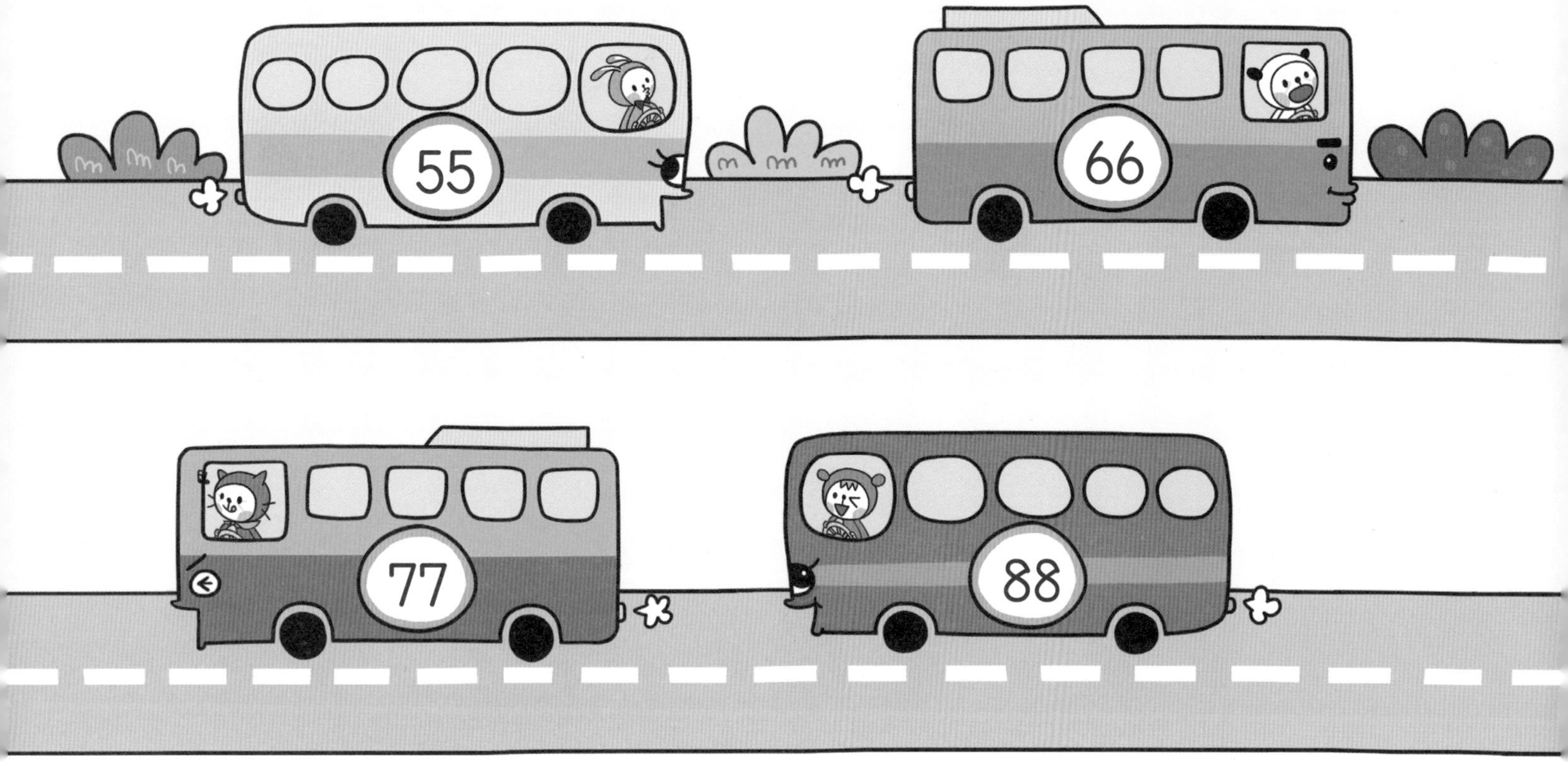

버스에 쓰인 수보다
1 큰 수와 1 작은 수를 써 보자.

우리집 도움말

거리에 달리는 버스를 보면 노선 번호가 있어요. '오십오 번, 육십육 번….' 아이와 함께 노선 번호를 읽고 1 큰 수, 1 작은 수도 물어보세요. 버스 색깔도 함께 얘기해 보면 좋겠죠?

19일 어떤 수가 더 클까요?

◌ 안에 >, <를 써 보자.

더 큰 수 쪽으로
입을 벌려 봐~

52	<	53	57	◌	51
58	◌	53	54	◌	59
50	◌	60	65	◌	55
63	◌	61	67	◌	66
62	◌	69	64	◌	68

◯ 안에 >, <를 써 보자.

72 ◯ 71　　74 ◯ 75

81 ◯ 82　　87 ◯ 83

70 ◯ 80　　81 ◯ 91

94 ◯ 93　　91 ◯ 95

96 ◯ 92　　100 ◯ 99

가장 큰 수에 ○, 가장 작은 수에 △해 보자.

53 52 51

64 63 62

가장 큰 수에 ○

가장 작은 수에 △

50 70 60

95 85 75

66 77 88

75 76 77

55 80 65

98 99 100

어디로 갈까?
더 큰 수를 따라가 보자.

힝, 작은 수로 가고 싶은데···.

큰 수로 가자!

출발

76

51

53

67

동물원

77

88

식물원

도서관

놀이공원

안에 >, < 를 써 보자.

53 ◯ 51

67 ◯ 76

77 ◯ 88

더 큰 수 쪽으로
입을 벌려 봐~

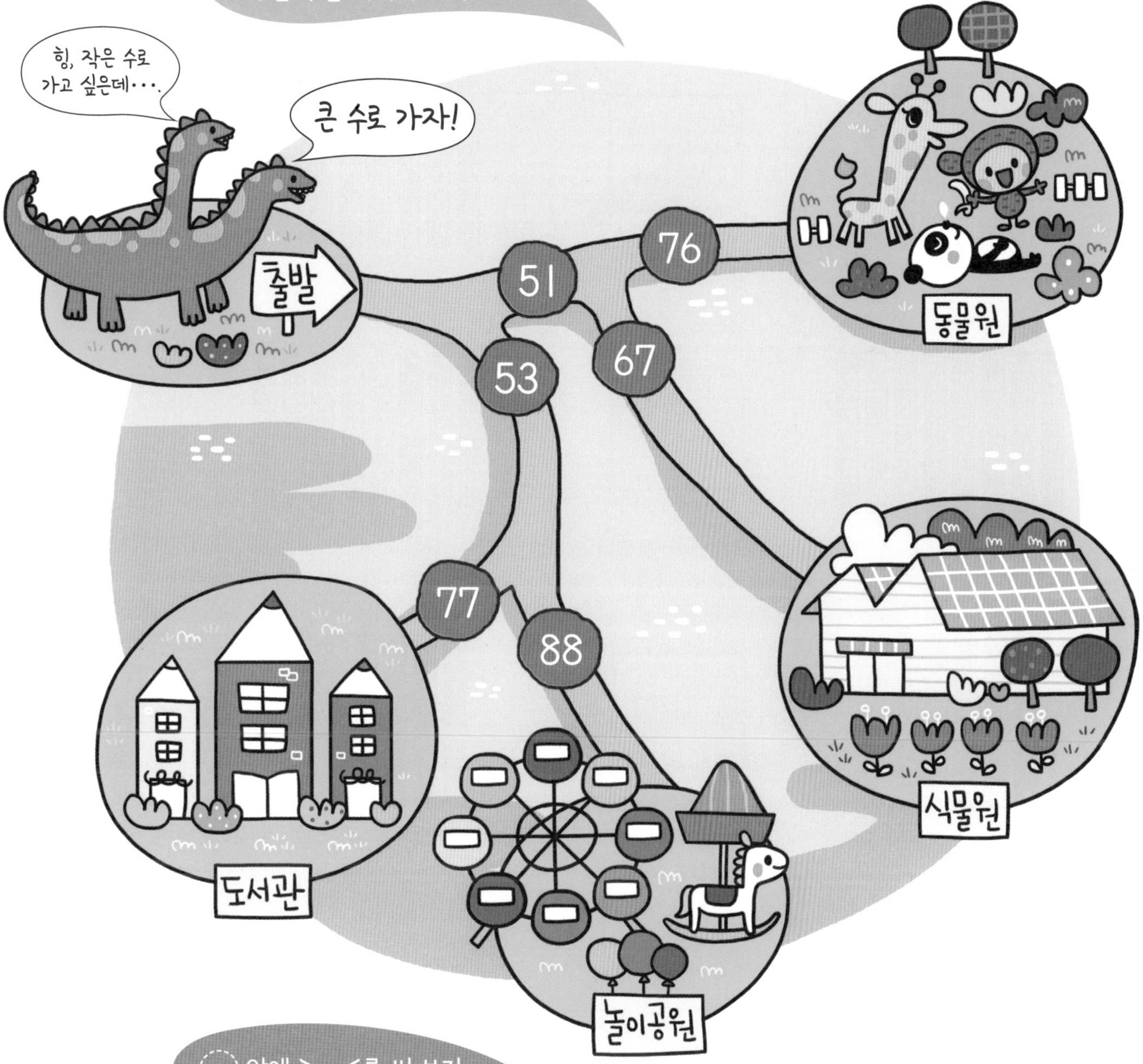

20일 100까지의 수, 섞어서 연습해 봐요

빈칸에 알맞은 수를 써 보자.

60

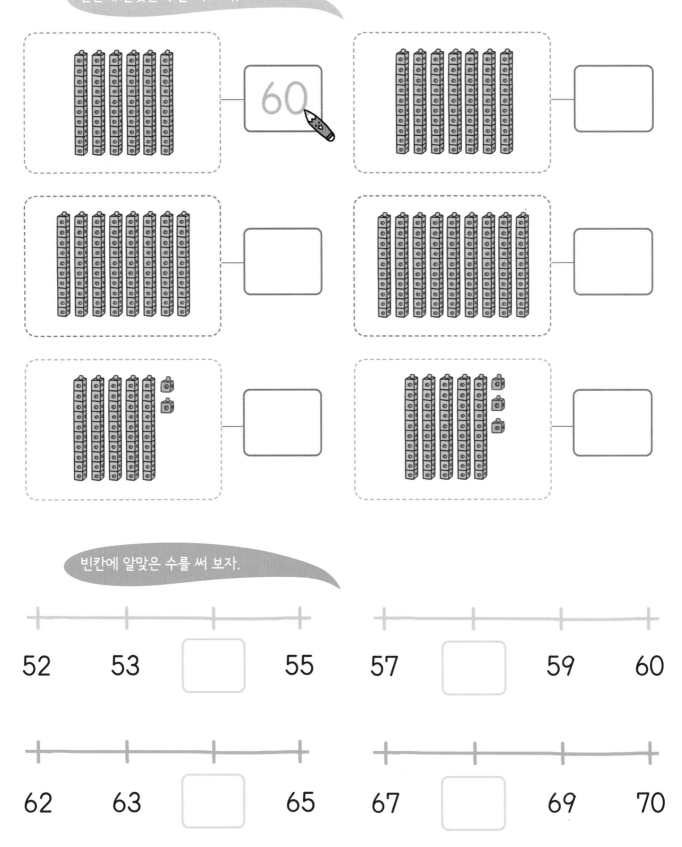

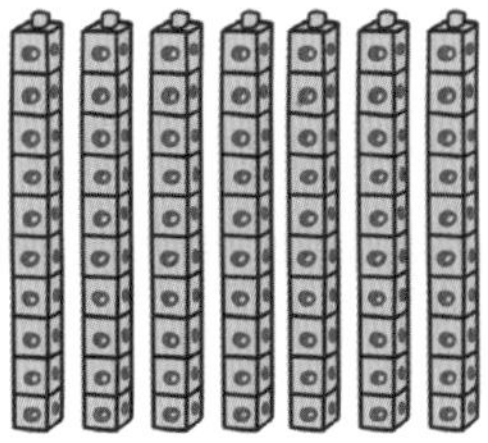

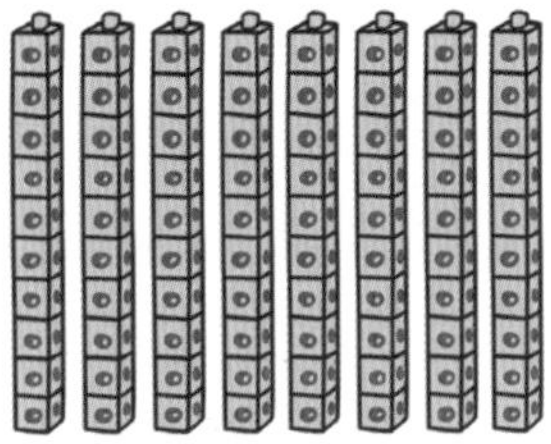

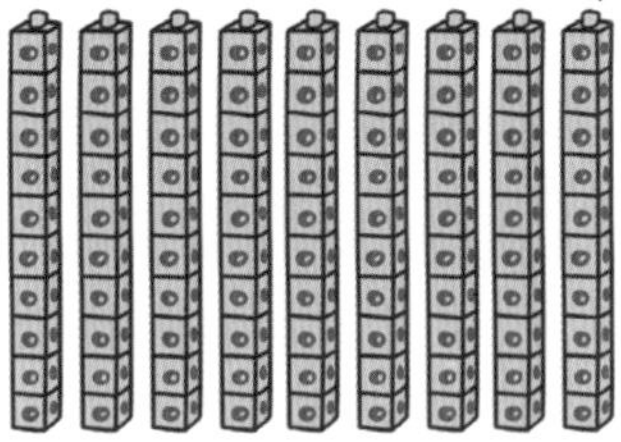

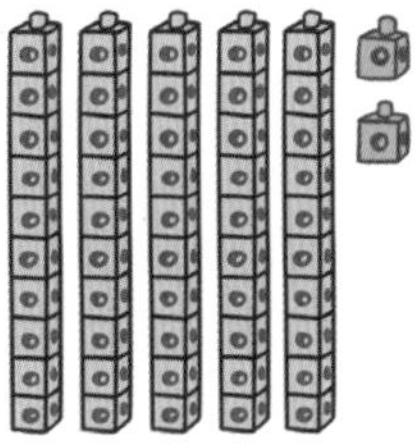

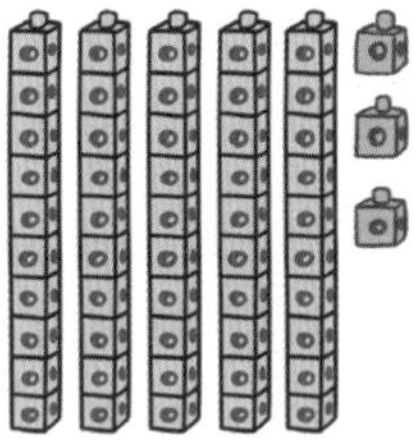

빈칸에 알맞은 수를 써 보자.

52 53 ☐ 55

57 ☐ 59 60

62 63 ☐ 65

67 ☐ 69 70

벌써 마지막 20일차입니다. 아이가 이 책을 끝까지 해내면 성공한 결과보다는 과정을 구체적으로 칭찬해 주세요. 예 "지난 한 달 동안 열심히 공부한 것이 자랑스러워. 한 달 동안 꾸준히 노력하니까 이 책을 다 풀게 되었지? 꾸준히 노력해 줘서 정말 고마워."

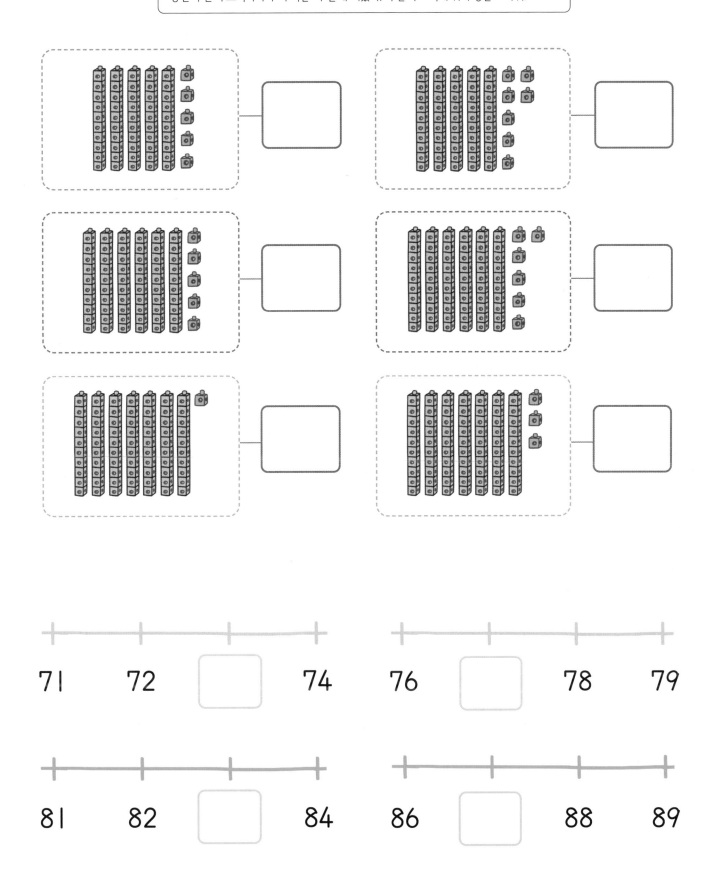

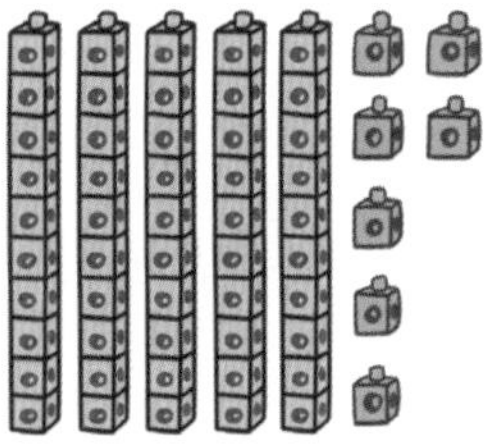

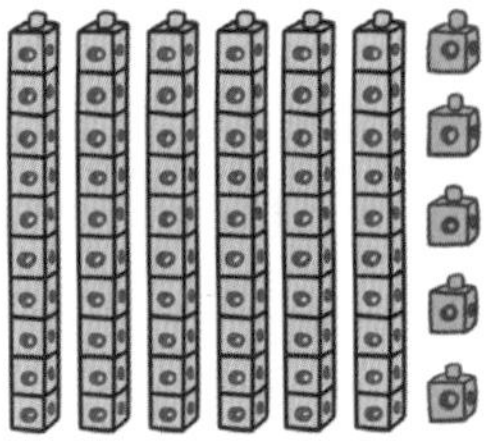

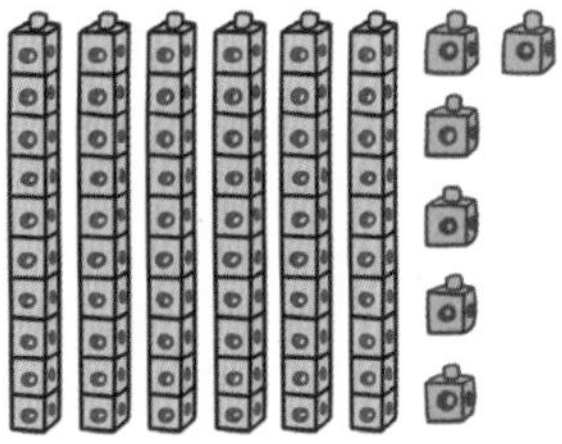

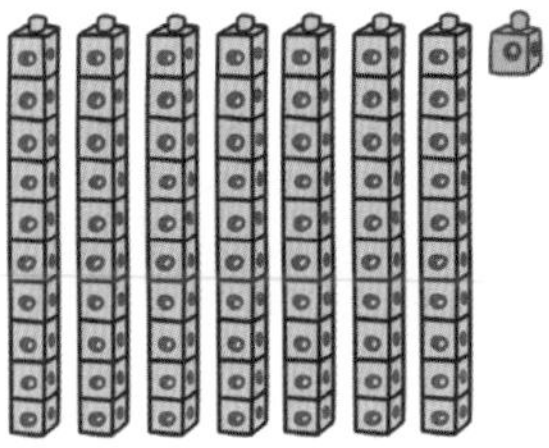

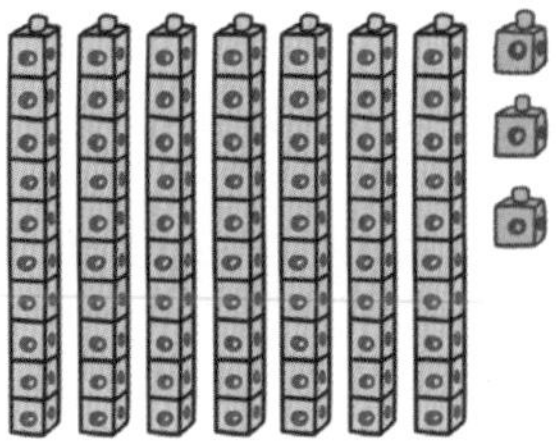

71 72 ☐ 74

76 ☐ 78 79

81 82 ☐ 84

86 ☐ 88 89

비어 있는 물방울에 수를 써 보자.

51	52	53	54		56	57	58	59	60
61		63	64		66	육십칠	68	69	70
71	칠십이	73		75		77	78	79	80
81	82	83		85	팔십육	87	88		90
91	92	93	구십사	95	96			99	100

7살 첫수학

1 100까지의 수

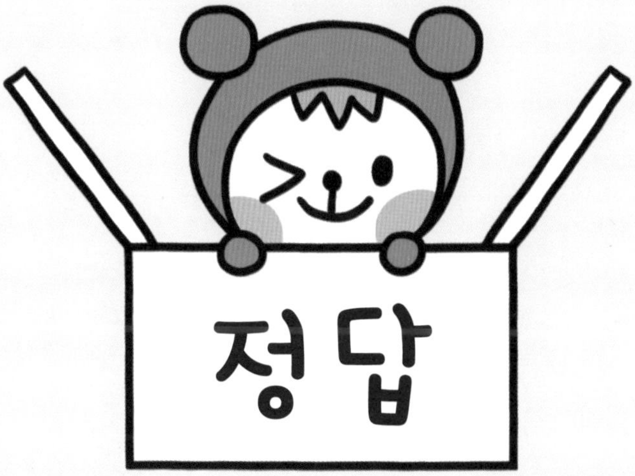

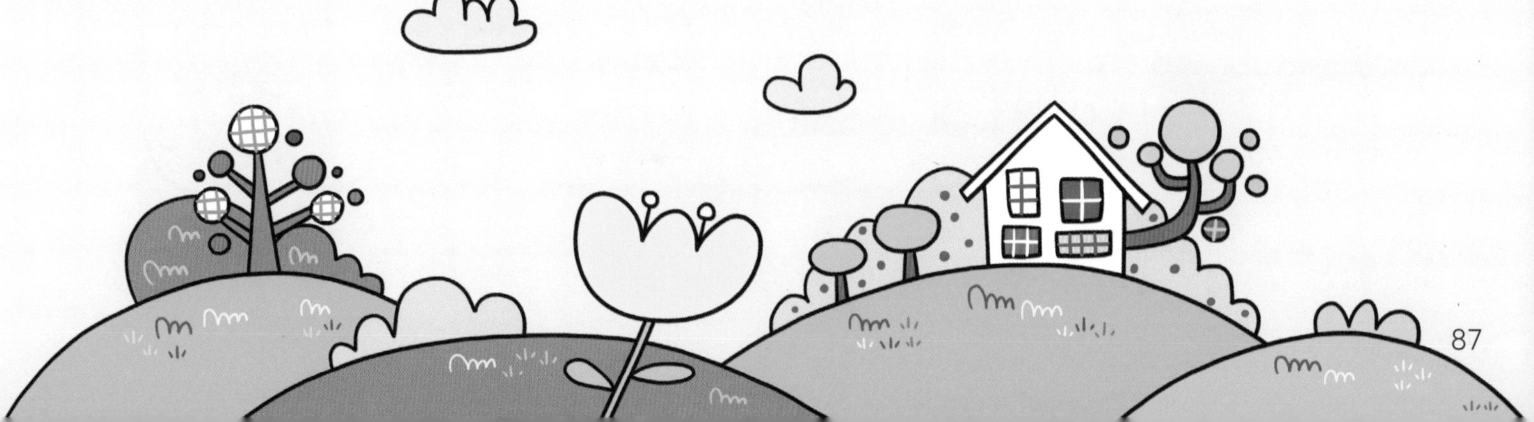

1일

8~9쪽

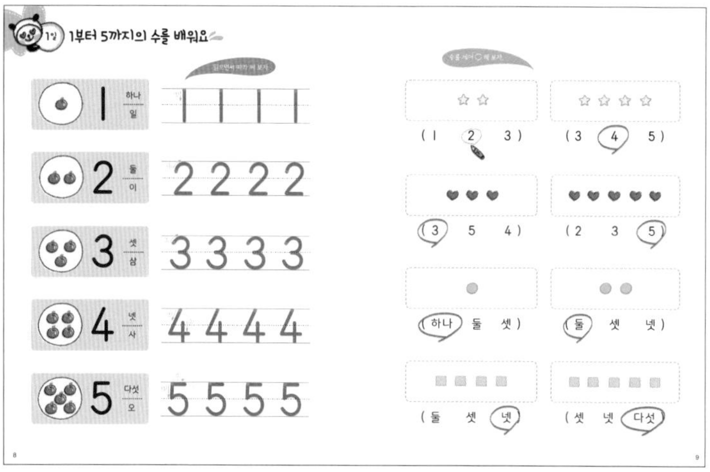

10~11쪽

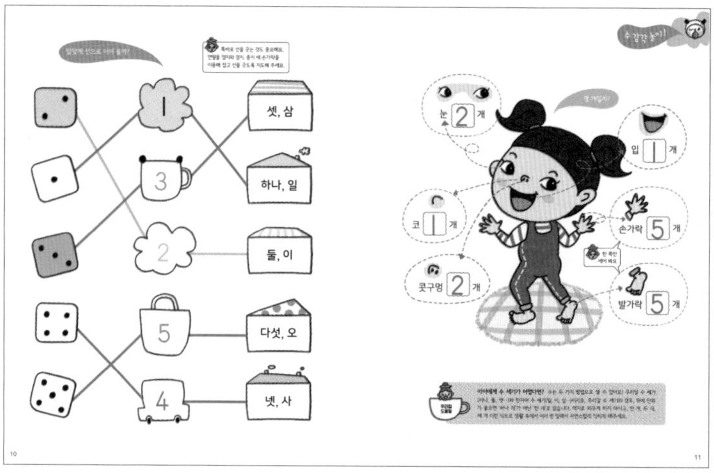

2일

12~13쪽

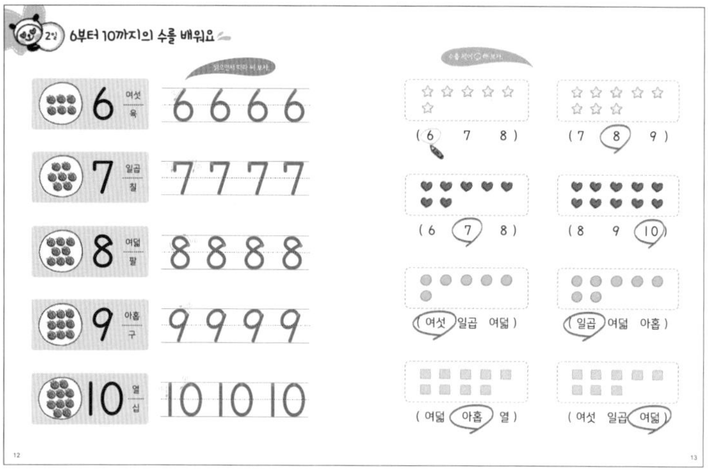

14~15쪽

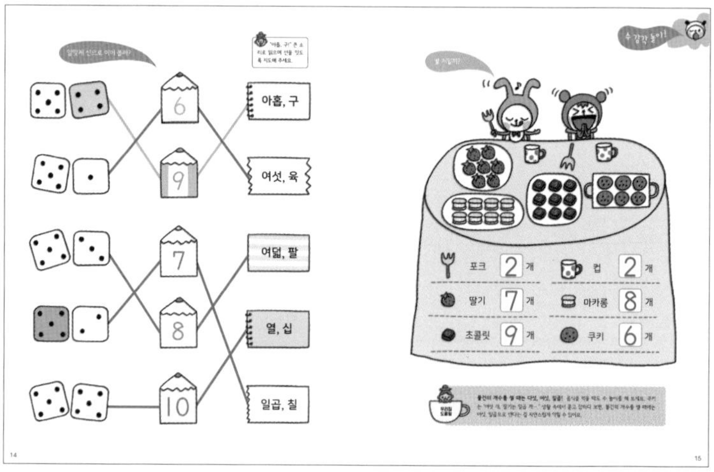

3일

16~17쪽

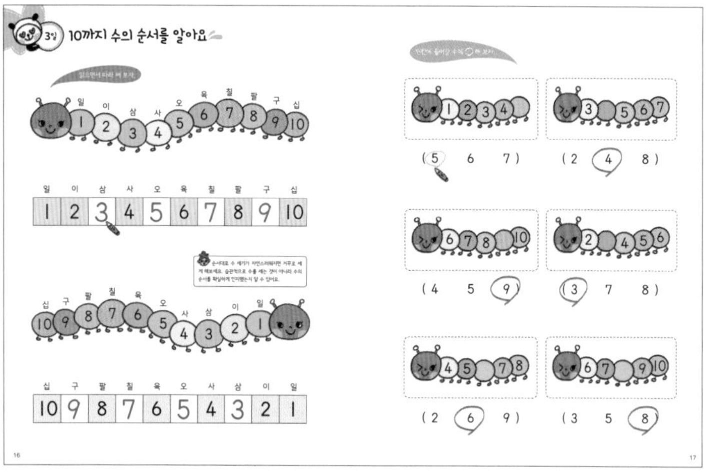

18~19쪽

4일

20~21쪽

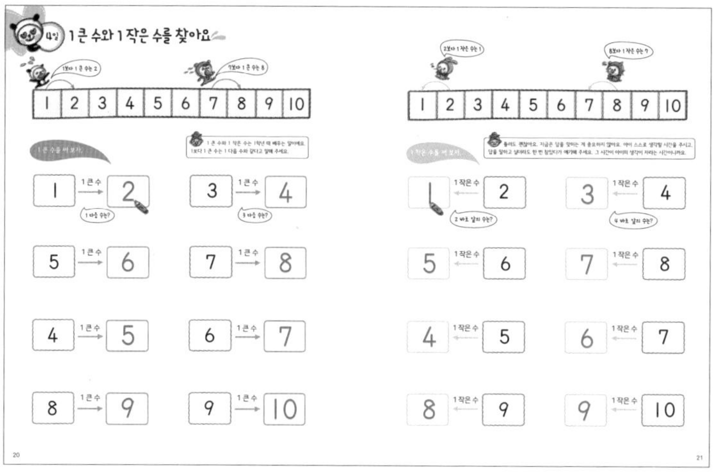

22~23쪽

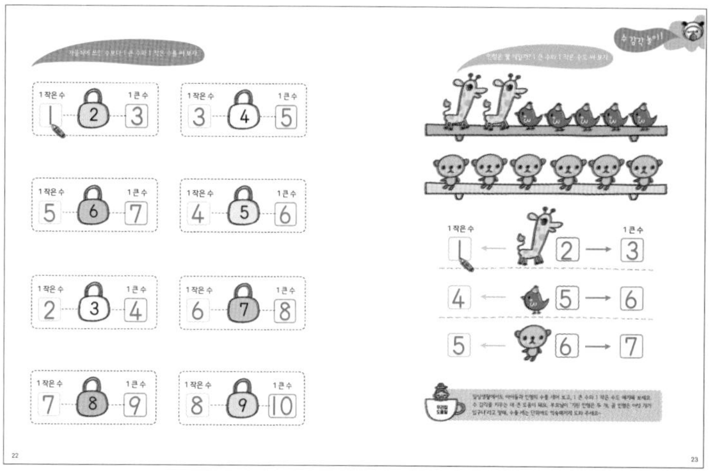

5일

24~25쪽

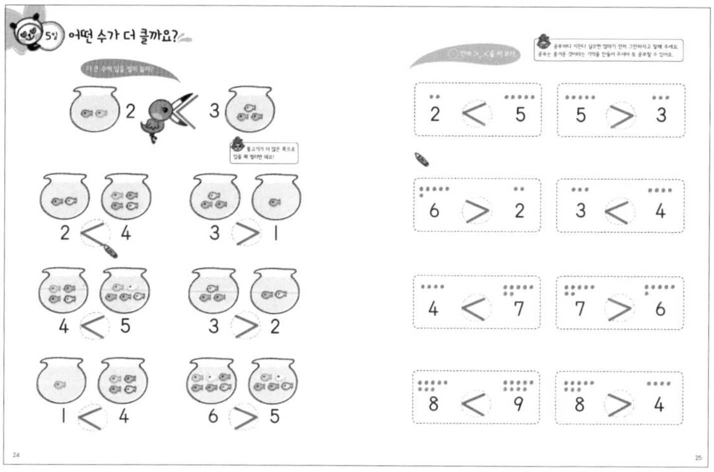

26~27쪽

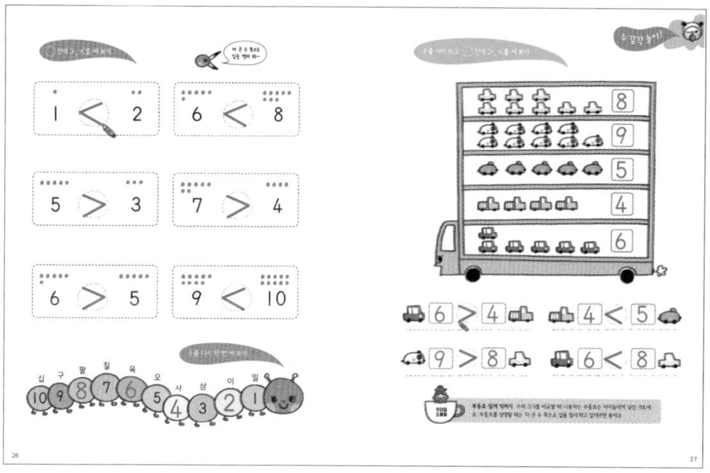

6일

28~29쪽

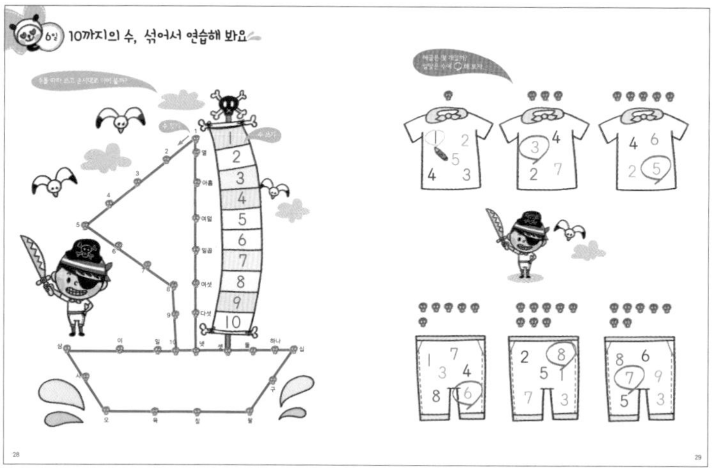

30쪽

7일

32~33쪽

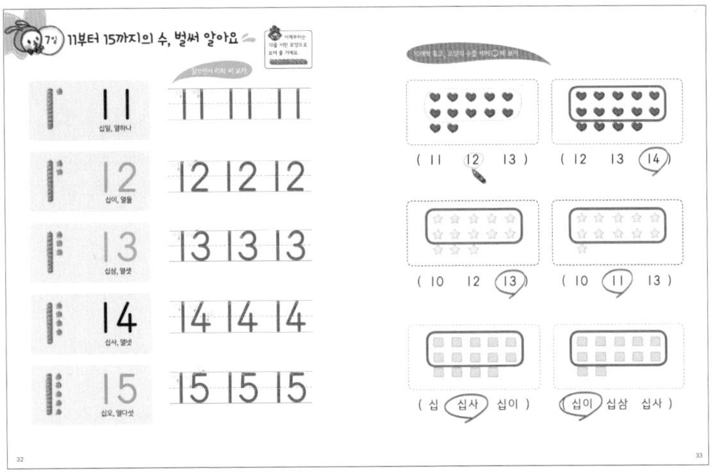

34~35쪽

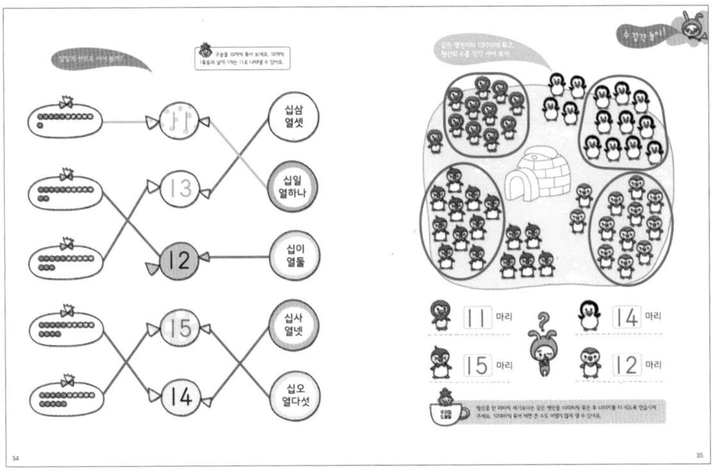

8일

36~37쪽

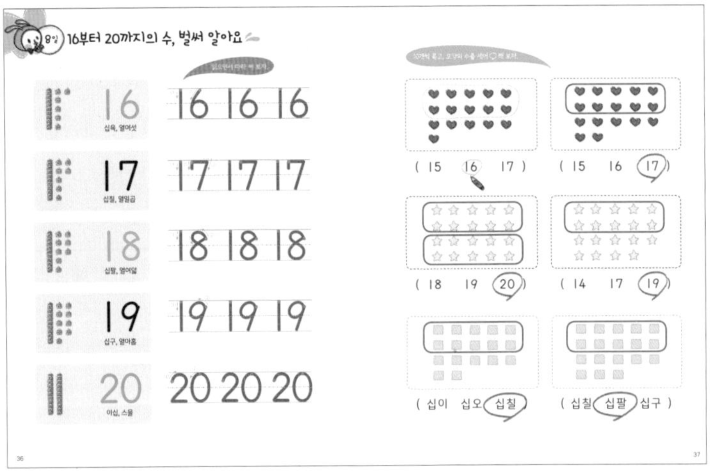

38~39쪽

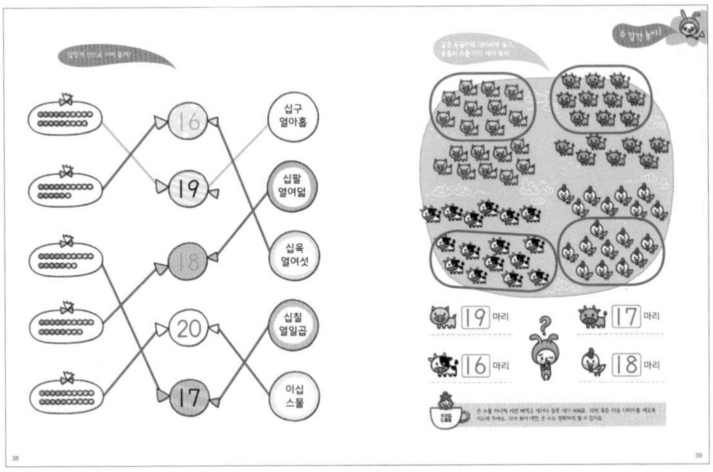

9일

40~41쪽

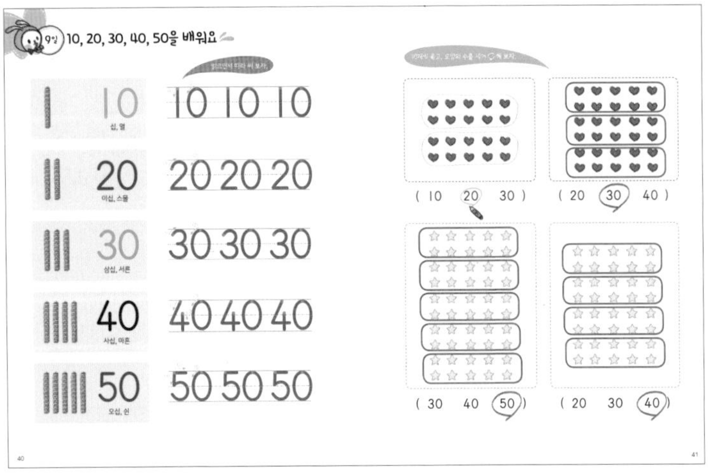

42~43쪽

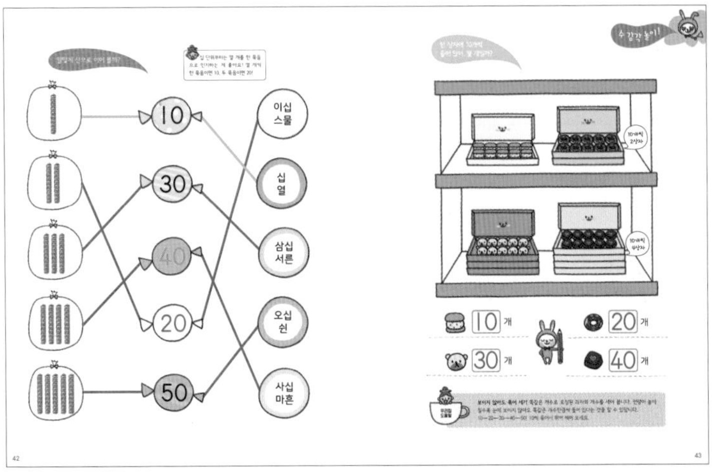

10일

44~45쪽

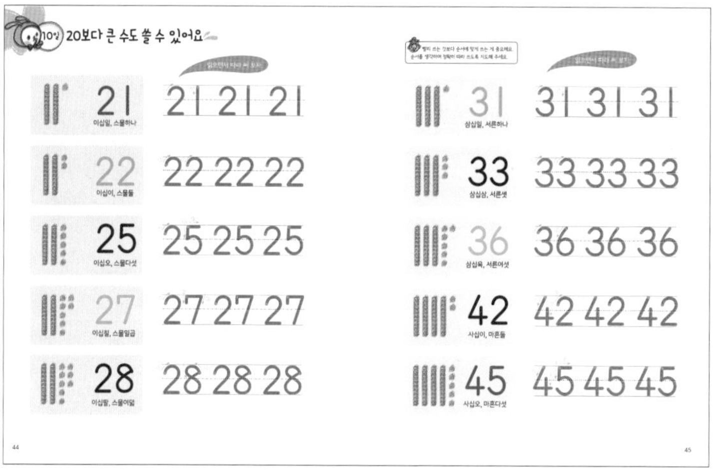

46~47쪽

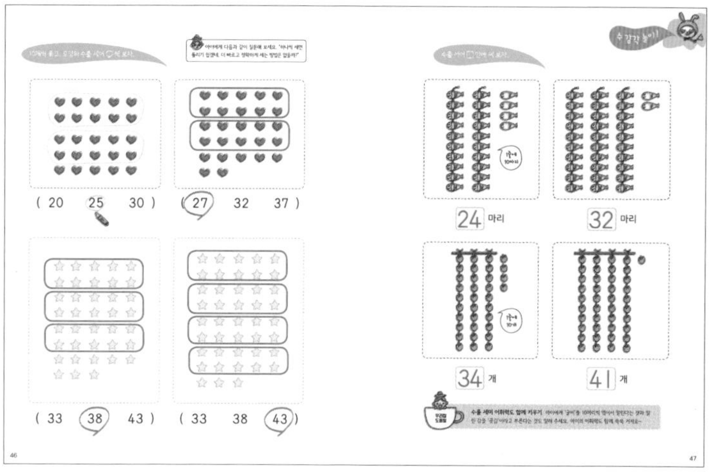

11일

48~49쪽

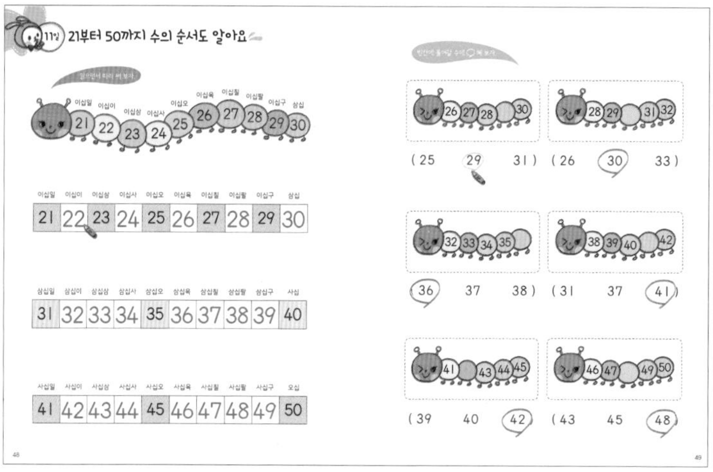

50~51쪽

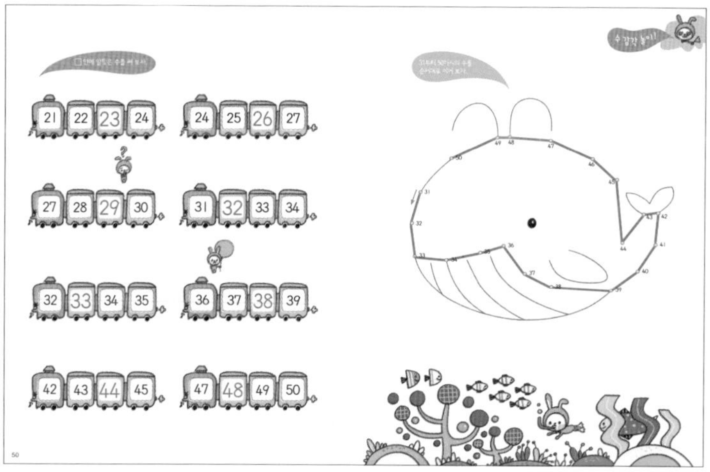

12일

52~53쪽

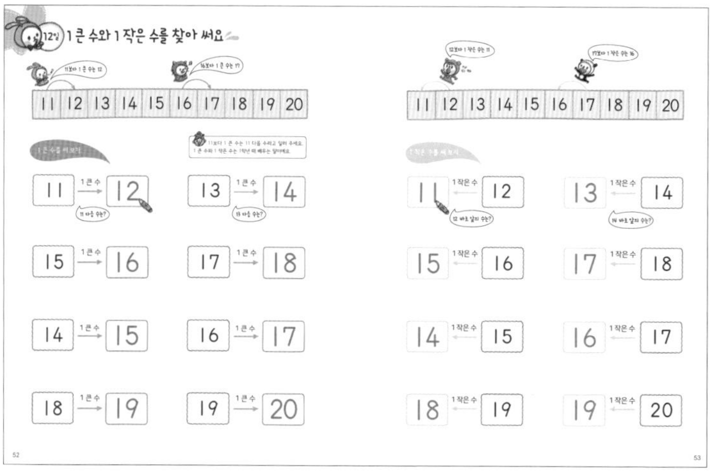

54~55쪽

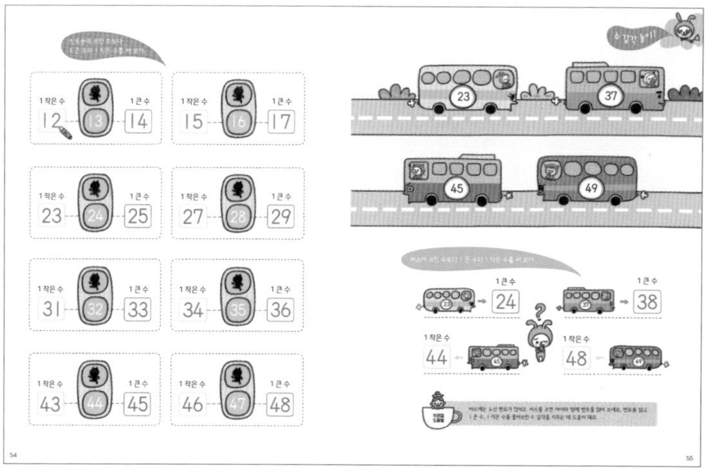

13일

56~57쪽

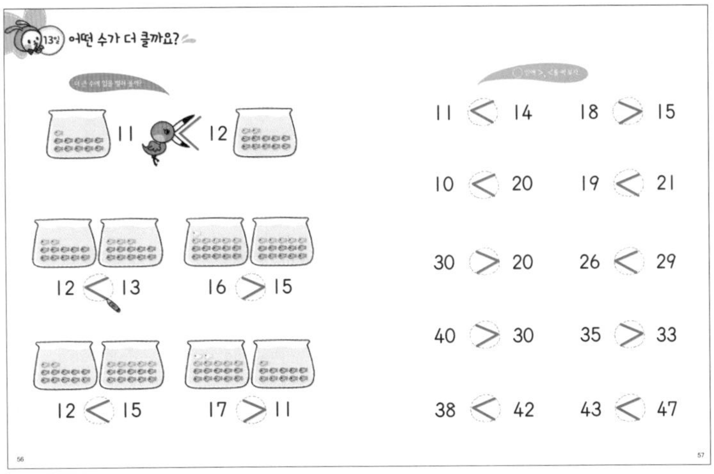

58~59쪽

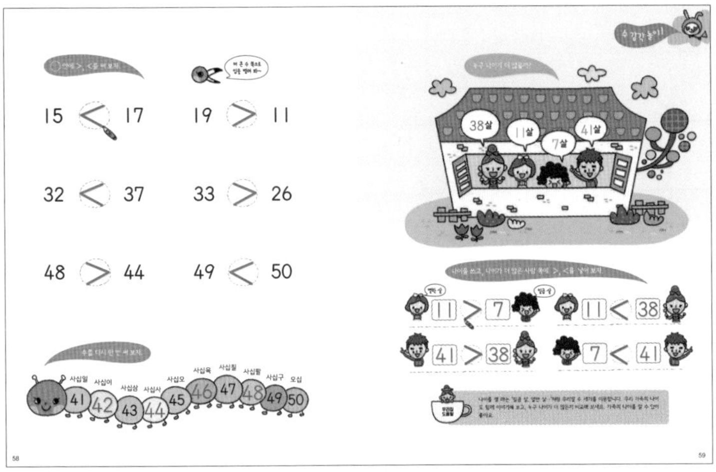

14일

60~61쪽

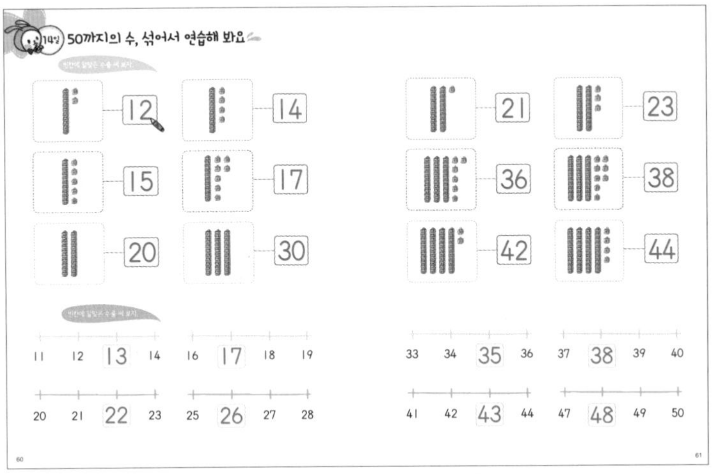

62쪽

15일

64~65쪽

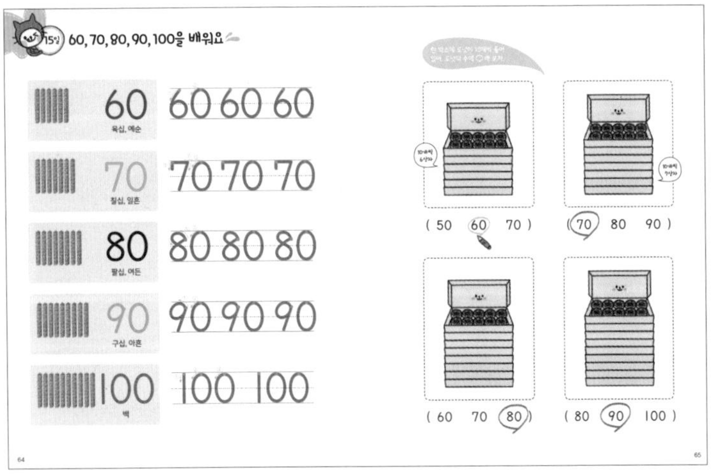

66~67쪽

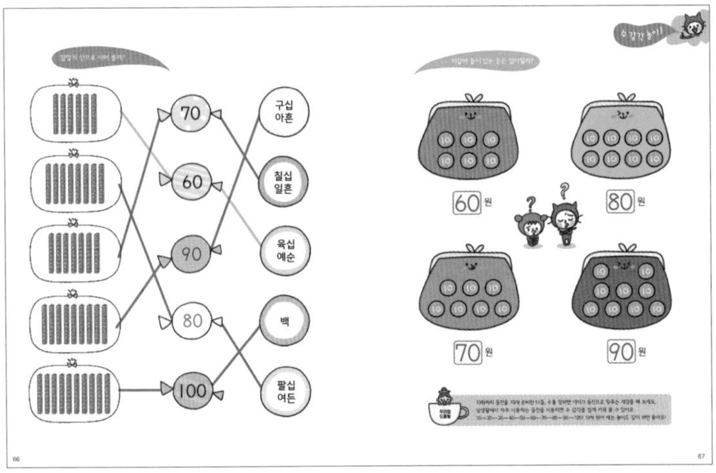

16일

68~69쪽

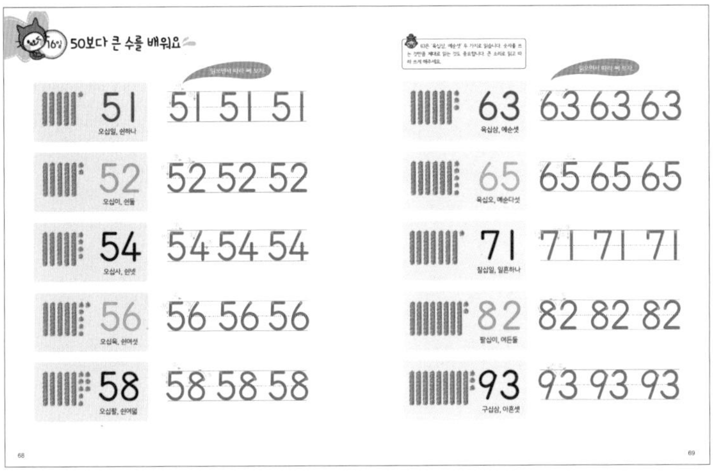

70~71쪽

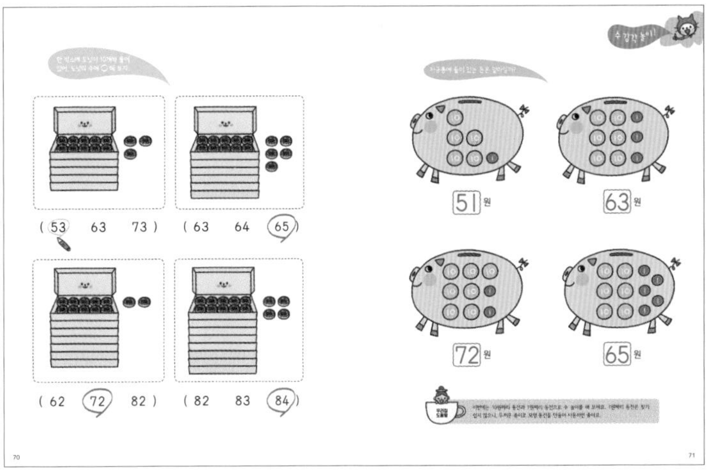

17일

72~73쪽

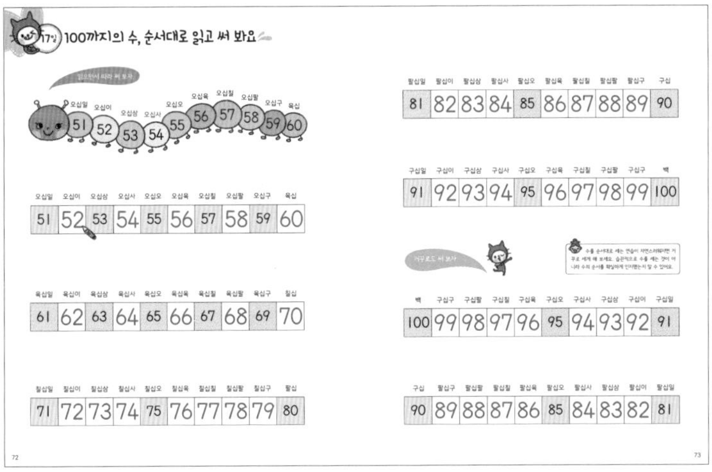

74~75쪽

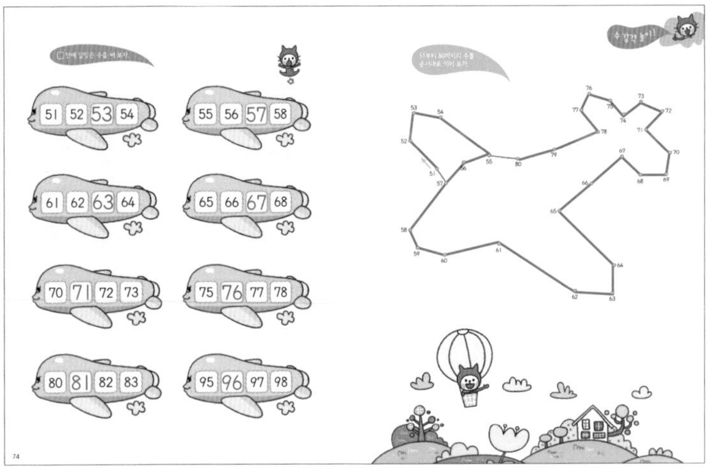

18일

76~77쪽

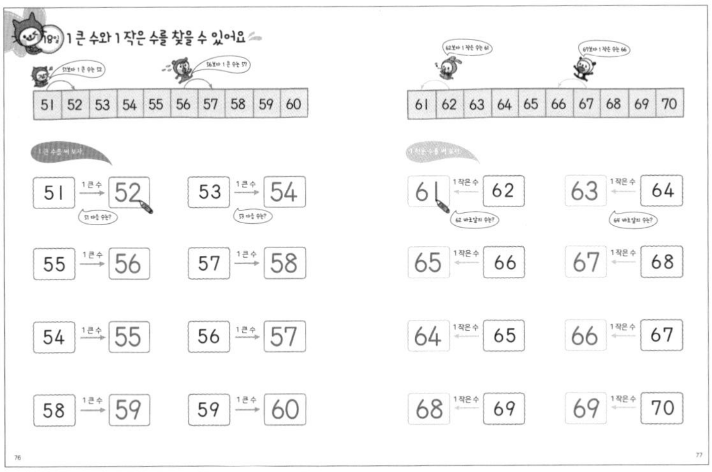

78~79쪽

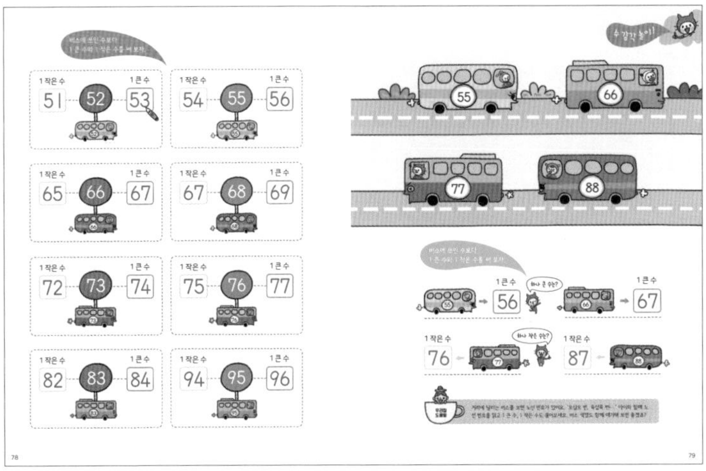

19일

80~81쪽

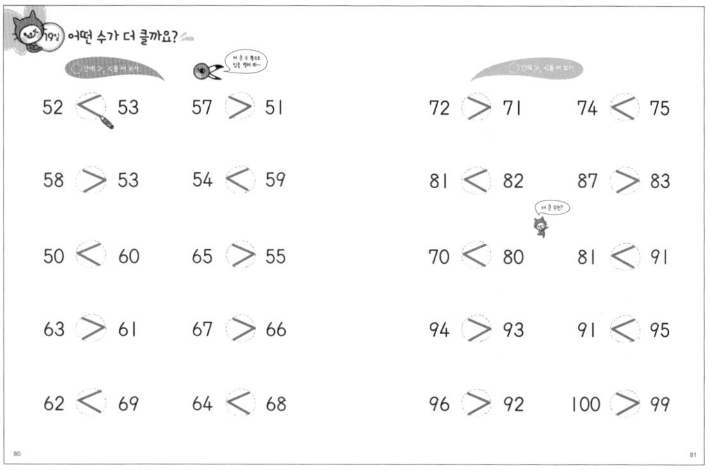

82~83쪽

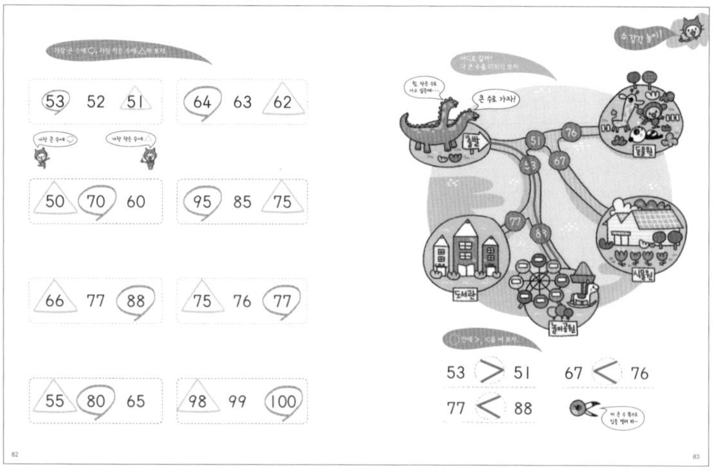

20일

84~85쪽

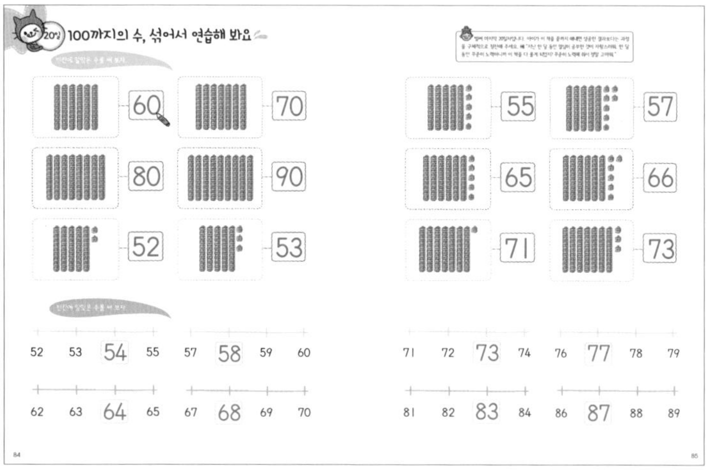

86쪽

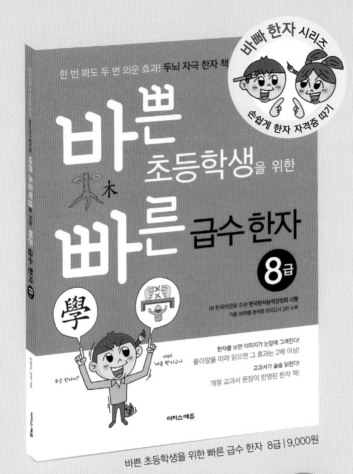

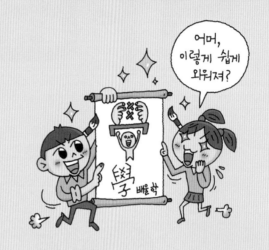

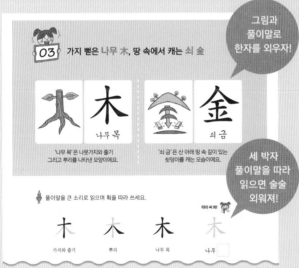

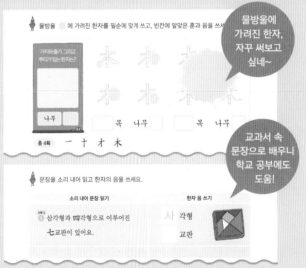

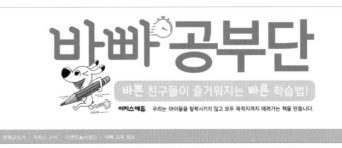

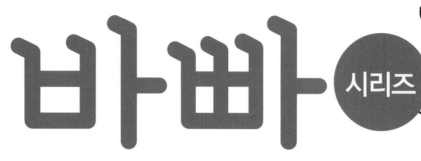

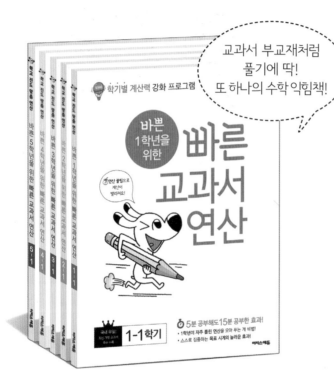

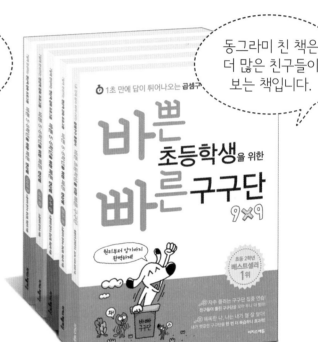